山东建筑大学 北方工业大学 内蒙古工业大学 烟台大学

济南上新街历史片区保护与更新城市设计
——2022北方四校联合城市设计

周忠凯 任 震 刘长安 高晓明 编著

中国建筑工业出版社

图书在版编目（CIP）数据

济南上新街历史片区保护与更新城市设计：2022北方四校联合城市设计／周忠凯等编著．—北京：中国建筑工业出版社，2024.3

ISBN 978-7-112-29680-4

Ⅰ．①济… Ⅱ．①周… Ⅲ．①城市规划—建筑设计—研究—济南 Ⅳ．①TU984.252.1

中国国家版本馆CIP数据核字（2024）第057267号

责任编辑：唐　旭
文字编辑：孙　硕
责任校对：赵　力

济南上新街历史片区保护与更新城市设计
——2022北方四校联合城市设计
周忠凯　任　震　刘长安　高晓明　编著

*

中国建筑工业出版社出版、发行（北京海淀三里河路9号）
各地新华书店、建筑书店经销
北京锋尚制版有限公司制版
天津裕同印刷有限公司印刷

*

开本：889毫米×1194毫米　1/20　印张：7⅗　字数：402千字
2024年4月第一版　2024年4月第一次印刷
定价：**98.00**元
ISBN 978-7-112-29680-4
（42353）

编委会

序

2022北方四校联合城市设计——"济南上新街历史片区保护与更新城市设计",是由山东建筑大学命题并承办,在北方工业大学、内蒙古工业大学、烟台大学和山东建筑大学四校建筑学专业师生的坚持和努力下,克服时值疫情给跨校联合教学带来的种种困难和不便,得以成功完成。

上新街形成于民国初年,距今已有约百年历史。因地势原因街道南高北低,落差有数米,自北向南行走,有步步高升之意,故称"上新街"。上新街片区地处济南古城、商埠区和千佛山风景名胜区三大核心历史文化资源的集中辐射区,北部紧邻趵突泉公园,区位条件优越,片区总用地面积约16.3公顷。

上新街片区是济南近代城市建设与文化繁荣的代表区域,是济南近代文化名人、艺术大师、政府名流、商贾新贵研学创作、社交生活的集中呈现区。现如今,上新街是济南古城外、圩子城内仅存保留的一片历史文化资源集中的地区,包括7处文物保护单位、10处历史建筑、12处名人故居。片区内保留着"济南万字会""老舍故居"等著名历史建筑和名人故居,山东剧院、山东歌舞剧院2处重要文化建筑坐落于此。对于济南人来说,这条老街不仅仅是一处凝结历史文化的建筑遗产,更是很多老济南人记忆深处的情怀。然而随着时代变迁带来的城市发展重心转移,此处文化与活力逐渐衰退,风貌特色趋于黯淡,历史建筑保护与利用亟待加以引导。此外,单位大院和不同年代的居民楼房、平房混杂,居住环境较为恶劣,公共配套设施难以满足居民使用需求。

2021年9月,上新街片区项目被列为济南市"中优"重点项目;2022年5月,被山东省住房和城乡建设厅列为省级城市更新试点片区。这一系列发展举措充分表明了上新街片区的重要历史价值。

本书记录了这一四校联合城市设计的教学组织过程,展示了凝聚着师生智慧的精彩设计成果。所呈现的八组作品从不同视角对上新街历史片区及其周边的更新发展模式及改造方式提出了富有创造力的解决方案。

值此付梓之际,再次感谢四校师生的辛勤付出,同时也感谢济南市规划设计研究院和中国建筑出版传媒有限公司(中国建筑工业出版社)的支持和帮助,在大家的共同努力下本次联合设计取得了圆满的成效,充分展示了当代学子的创新能力和家国情怀,也为上新街片区的城市更新项目实施奉献了高校专业力量的聪明才智。

千舟竞渡,勇者为冠。在已到来的2024年,我们要心怀梦想、奋勇拼搏,一步一个脚印,一棒接着一棒,在奋力奔跑和接续奋斗中成就梦想。

预祝四校联合城市设计赓续绵延,不断取得新突破。

任震
甲辰年正月于泉城济南

目录

1　设计回顾
PROCESS REVIEW

1.1 设计进程

2022年8月30日　　　　2022年9月7日　　　　　　　　　　　　　　　2022年10月8日

设计开题　　**调研成果汇报**　　课题深入分析研究，进而提出基本设计理念和总体构思策略。　确定详细设计地段范围与设计目标，通过草图进行多方案构思比较。　设计研究地块城市要素各层面设计，绘制总体及各系统分析图、设计草图；详细设计地块的初步方案，提出总平面图和体块草图、工作模型。　**中期成果汇报**

2022年10月30日   2022年11月15日

完善设计研究
地块各层面设
计，形成较成
熟的整体设计
思路；确定详
细设计地块的
总图框架，形
成较明确的空
间形体、体块
模型。

设计内容

整体方案调
整与深化，
着重于城市
空间设计。

深化城市空间
要素各层面设
计，着重建筑
群体整合与形
体设计，贯彻
整体设计思路，
控制主要技术
指标。

街区重点地段
深入设计，街
道院落深入推
敲，塑造特色
空间。

深化城市空
间设计、建
筑形体与场
地设计、城
市景观与环
境设施设计。

深化设计最终
表达，完成全
部设计图纸、
说明以及成果
模型。

最终成果评图

1.2 设计任务书

济南上新街历史片区保护与更新城市设计

时间：2022年8~11月

1．教学目的与要求

1）教学目的

（1）通过城市设计理论学习和现场勘察调研，使学生了解城市设计的基本概念、城市空间要素与设计基本内容，树立全面整体的城市设计观念，提高城市设计理论水平。

（2）通过城市设计实践，掌握城市设计基本内容、方法和工作程序，训练城市设计调研分析与设计实践技巧，提高分析解决城市场所问题的能力和城市空间设计能力。

（3）通过济南上新街片区保护与更新城市设计，探讨当前城市更新背景下，城市中心区历史街区保护更新机制、方法和操作路径。

2）教学要求

要求掌握的内容具体通过理论学习+过程指导来完成。

（1）理论授课

在课程开始阶段和过程中进行系统完整的城市设计理论授课，重点讲授城市设计的基本概念，研究基本要素，分析解决实际问题的方法与流程，结合中外城市设计经典案例进行分析，包括城市历史街区保护更新设计的典型案例分析。

（2）设计过程指导

①使学生掌握科学的城市设计调研分析方法和技艺。对项目背景、环境进行全面深入的调查，并作出客观评价。收集现状资料，对调查资料数据进行整理分析，归纳总结，发现问题，思考解决问题的途径，形成调研成果。

②掌握城市设计构思方法。在实地调研基础上，对环境现状问题进行综合分析研究，提出基本设计理念和策略，通过分析图、设计草图与工作模型进行多方案构思与比较。

③城市空间要素设计。在构思基础上，对设计地块的土地利用、功能定位、交通组织、空间结构、建筑形态、开放空间、城市景观等方面展开各层面设计。

④着重城市空间设计能力。训练从城市整体视角考虑城市空间形态、建筑群体关系的整合，注重城市开放空间设计，把握好街道与院落空间尺度。

⑤理解城市设计中建筑个体、群体与城市环境的整体关系，并基于历史街区的空间肌理发展演化过程特征及历史建成空间风貌特点，对建筑个体和群体作出合理的布局和设计，注重外部空间设计，完善开放空间设计。

⑥注重对城市地域特征的分析和提炼，增强对城市文化的认知能力，探讨在城市发展中如何延续历史街区空间肌理和历史风貌，并为其注入新的内涵。

⑦掌握城市设计各阶段成果的表达方法，提高综合运用文字、图形、计算机辅助等手段表达设计思想的能力，清晰、全面、熟

练、规范地表达设计内容。

（3）成果评价

对课程中各阶段的成果进行总结与评价，包括三个阶段性成果集中汇报、点评与答辩，达到相互交流、设计总结、成果检验的目的。

2．上新街历史风貌区概况与设计范围

1）上新街片区概况

在住房和城乡建设部发布的《关于开展第一批城市更新试点工作的通知》中，济南市入选城市体检国家试点；山东省住房和城乡建设厅发布关于省级城市更新试点名单中，"上新街片区"列为省级城市更新试点片区。

上新街片区位于济南中心城区，趵突泉公园南侧，紧临泉城广场等城市核心功能区，地理位置优越，片区内保留着"济南万字会""老舍故居"等著名古建筑和名人故居，具有丰富的历史和文化价值。片区内现存建筑以中华人民共和国成立前后修建的平房为主，简陋陈旧，生活配套设施严重欠缺。作为城市更新的省级试点项目，结合济南"中优"战略实施，实现老城区风貌保护和文化传承，有效改善和提高上新街片区居民的生活居住条件，提高地区能级和城市形象，促进城市高质量发展。通过"留、改、拆"多措并举的方式，实施历史建筑保护与老旧小区改造提升同步推进，以此统筹城市功能完善与人居环境改善，上新街片区积极推进城市有机更新。

2）设计范围与基地条件

本次设计地块"上新街片区"的范围大致为：北至泺源大街，西临民生大街，南靠经八路，东至南新街和顺河街，地块中部被西北至东南向的顺河高架路（桥）切割，总面积约42公顷，其中北侧上新街历史风貌核心片区约20公顷。北地块上新街核心片区内拥有丰富的历史文化建筑，包含低多层居住、高层商业商务、历史文化等多重业态，呈现"西高东低、功能多样、新旧并置、肌理混杂致密"的空间特点；南侧地块约24公顷，以多层居住社区和医疗服务建筑为主，功能相对单一，肌理较为均质。地块中部被顺河快速路穿越和分割，对设计地块南北空间具有较大影响。

地块位置优越、交通便利，通过临近主次干道可快速到达东侧老城区、西向商埠区及市中心各个重要文旅景点，但由于临近齐鲁医院等重要医疗服务设施及趵突泉、泉城广场等热门旅游景点，交通流量大。

3．任务要求

设计工作以小组形式进行，3~5人一组。

通过对济南上新街风貌核心区的更新设计研究，借以探讨如何在城市"存量空间更新发展"的新形势背景下延续上新街传统空间肌理和为其自我更新注入新的活力；除考虑城市更新中有关老城保护与更新的内容以外，设计还着重于训练从"地块内外双向互动"的城市整体空间视角出发，综合考虑城市空间形态、建筑群体关系的整合及功能的定位，以及土地利用、功能定位、人车交通、城市景观、建筑形态等多方面要求，实现对复杂城市中心历史风貌地块空间设计处理能力的锻炼。

1）调研工作内容

（1）上新街片区发展的历史沿革；（2）绘制现状空间结构简图；（3）片区内建筑质量与历史风貌评价；（4）片区空间特征与建筑形态元素的提炼；（5）周边对片区发展有影响的要素分析；（6）对现状中存在问题的梳理、分析；（7）对国内外相关案例资料的收集；（8）提出初步的设计目标和构思意向。

2）设计工作内容

对于设计研究地块，分析其区位、街区现状与周围环境，明确保护与更新设计思路，考虑片区整体功能定位、人口构成与行为规律、街区空间结构、重要节点与公共空间的设置、道路系统、景观系统、建筑容量及高度控制、历史建筑保护利用等，进行相关的城市要素研究与设计。

各设计小组在完成整体片区（42公顷）调研基础上，可对整体研究地块或选择整体边界内不小于20公顷的地块进行详细设计，详细设计内容应注意与周边城市建成空间及道路环境的相互影响。此外，在上位设计研究的基础上，深入分析该地段在街区中的定位、具体功能需求、建筑体量、空间形态，确定该地块规划指标，进行地块总体设计，包括总平面布局、建筑群体组合、街道与院落空间、沿街立面、场地设计等，建议合理利用地下空间。

3）设计要求

（1）上新街片区设计应在尊重街区原有功能特色的基础上，营造富有地域特色的居住、办公、商业、餐饮、文创产业等功能场所，激发历史街区新活力。

（2）尊重原有街巷格局和传统风貌，保护与更新相结合，应加强对历史沿革、地方特色和历史文化价值的梳理和研究，注重历史风貌保护和文化传承，进一步明确发展定位和功能业态。合理控制建筑容量与高度，把握街巷、院落尺度，塑造特色街区空间，建筑形式与色彩体现上新街传统风格，延续历史文脉，又富现代特色。确定重要风貌展示轴线、节点和界面，并提出规划控制建议。

（3）对于其他区域的现状建筑，应结合现状建筑评估，提出"留、改、拆"处置建议，明确新建建筑高度、风貌、色彩和空间形态的控制要求。

（4）结合周边区域道路交通规划，在维持现有街巷格局的基础上，合理加密路网，优化竖向设计，对片区内部交通组织和市政基础设施配套提出建议；参照《济南历史文化名城保护规划》《十五分钟生活圈》等相关规定，完善相关生活服务设施。

（5）片区南侧地块以居住功能为主，参照《济南市城市更新专项规划（2021-2035）》相关要求，建议不大规模、成片集中拆除现状建筑，原则上更新地块内拆除建筑面积不应大于现状总建筑面积的20%，北侧历史风貌地块更新根据现状建筑价值评估及质量进行分类操作。

（6）技术指标：地块容积率、建筑密度、建筑间距、日照标准、建筑退线、建筑高度、停车位等技术指标，参照《济南市城乡规划管理技术规定》，对用地内部文物的保护及利用须满足相关部门的文物保护要求。

1.3 过程回顾

1. 开题调研 2022年8月30日

　　8月末的济南，夏天的热意仍未消散，北方四校的师生从各地汇聚于此，开始了紧张而充实的调研工作。调研地点位于济南中心城区的上新街片区，是一个具有丰富的历史和文化价值的旧城地段。在几天紧张忙碌的调研工作中，同学们白天分小组实地勘察，晚间集中整理数据资料、开会讨论并绘图，对设计地块的历史沿革、空间结构、现状环境风貌以及交通等问题，进行了细致的梳理分析，结合相关案例研究，提出了初步设计目标和意向构思，圆满完成了调研成果的汇报工作，保证了之后城市设计工作的顺利开展。

2. 中期汇报 2022年10月8日

　　相隔一个月的时间，中期汇报如期在线上进行，各校师生集中展示并汇报城市设计的中期成果。在前期调研成果的基础上，各校设计团队系统解析了基地的现状问题和潜力，进一步明确了总体设计理念和构思策略，通过多方案比选，深入地块的空间类型、人群行为方式、街巷空间尺度、建筑要素特征、场地环境特质等各个层面，形成了设计的初步方案，从不同视角对基地及其周边的更新发展模式及改造方式提出了富有创造力的解决方案。中期成果的交流汇报，师生互动，深度沟通设计思想，为下一阶段输出高质量的最终成果奠定了扎实的基础。

3. 终期答辩 2022年11月15日

　　两个多月的城市设计工作接近尾声，本次城市设计终期汇报依然是采用线上形式进行。各校设计团队分别进行此次城市设计工作的最终成果汇报。同学们难掩兴奋与热情，各显身手，通过丰富多样的形式表达最终设计成果。不同设计团队从不同视角，自上而下、由外至内对建筑形态与场地环境关系、重要节点空间特色塑造等方面的内容进行了全面解读和推敲，而各校评委老师给出的精彩点评更是让各校同学受益匪浅。

　　完美收官，期待来年！

2 设计背景解读
BACKGROUND ANALYSIS

2.1 项目背景

在住房和城乡建设部发布的《关于开展第一批城市更新试点工作的通知》中，济南市入选城市体检工作制度机制试点；山东省住房和城乡建设厅发布关于省级城市更新试点名单中"上新街片区"列为省级城市更新试点片区。

上新街片区位于济南中心城区，趵突泉公园南侧，紧临泉城广场等城市核心功能区，地理位置优越，片区内保留着"济南万字会""老舍故居"等著名古建筑和名人故居，是具有丰富的历史和文化价值的旧城地段。

片区内现存建筑以中华人民共和国成立前后修建的平房为主，简陋陈旧，生活配套设施严重欠缺。作为城市更新的省级试点项目，结合济南"中优"战略实施，实现老城区风貌保护和文化传承，有效改善和提高上新街片区居民的生活居住条件，提高地区能级和城市形象，促进城市高质量发展。通过"留、改、拆"多措并举的方式，实施历史建筑保护、老旧小区改造提升，以此统筹城市功能完善与人居环境改善，上新街片区积极推进城市有机更新。

图 2-1 基地区位及周边资源

1. 基地区位

基地范围北至泺源大街，西临民生大街，南靠经八路，东至南新街和顺河街，地块中部被西北至东南向的顺河高架路（桥）切割，总面积约42公顷，其中北侧上新街历史风貌核心片区约20公顷。北地块上新街核心片区内拥有丰富的历史文化建筑，包含低多层居住、高层商业商务、历史文化等多重业态，呈现"西高东低、功能多样、新旧并置、肌理混杂致密"的空间特点（图2-1）。

上新街片区位于济南市中心城区，是济南新一轮城市更新的重点区域，位于"东强、西兴、南美、北起、中优"城市发展新格局的"中优"战略区，地处三大核心历史文化资源区的集中辐射区，临近济南古城及天下第一泉景区、商埠区、千佛山风景名胜区三大核心历史文化资源聚集区，位于济南最核心优质文化资源的交集地带，是济南历史文化名城核心风貌区域（图2-2）。上新街是除历史文化街区和商埠区外，济南二环以内存在的唯一一片历史文化资源分布较为集中的区域。其内部历史文化资源集中，保存良好，具有较高的历史文化价值。

地块位置优越、交通便利，通过临近主次干道可快速到达东侧老城区、西向商埠区及市中心各个重要文旅景点，但由于临近齐鲁医院等重要医疗服务设施及趵突泉、泉城广场等热门旅游景点，交通流量大（图2-3）。片区外部交通便捷，位于城市重要干道交叉口，轨道交通站10~15分钟步行可达（图2-4）。

图 2-2 基地周边交通现状

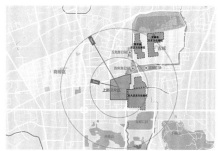
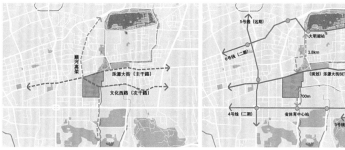

图 2-3 基地辐射区域　　　　　　　　　　图 2-4 基地外部道路及轨道交通条件

2．历史沿革与文化

上新街片区内部拥有山东剧院、万字会旧址、民族大街、景园等多处历史文化设施，并处于济南市泉城特色风貌轴和城市时代发展轴的交界处，具有重要意义（图2-5）。片区历史发展悠久，自明代开始片区就已形成，随后经过几百年的漫长发展时期，基本的道路、格局逐渐形成，并在民国时期有了一段相对兴盛的时期；随后在抗日战争后经过了几十年的衰落时期；在1973年以后片区到了再复兴的时刻，经济、文化迅速发展，并在2022年迎来片区全面的更新（图2-6）。

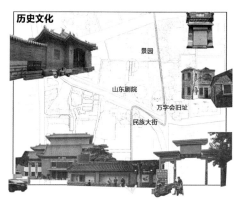

图 2-5 片区历史文化示意图

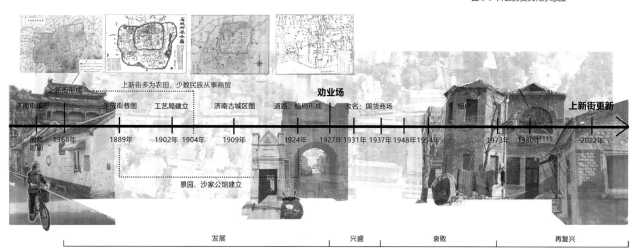

图 2-6 片区历史沿革时间轴

3．资源条件

地块内包括济南万字会旧址、景园等多处文物保护单位，山东剧院、省歌舞剧院等重要文化设施。现状功能包括居住（47%，主要为老旧小区与平房区）、商业（9%）、行政办公及文化设施（图2-7）。

地块内共7处文物保护单位，1处国保、1处省保、2处市保、1处区保、2处未列级；共10处历史建筑（含普查历史建筑）；拥有山东剧院、山东歌舞剧院2处重要文化建筑以及老舍、方荣翔等12处名人故居，以及3条传统街巷、32棵景观大树（图2-8）。

图 2-7 历史文化资源类型和分布示意图（图片来源：济南市规划设计研究院）

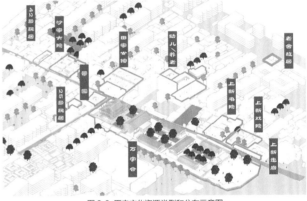

图 2-8 历史文化资源类型和分布示意图

4．人口结构

上新街片区人员以18~44岁的中青年为主，占比63.6%，60岁以上人口比例为19.96%，中青年人除了社区居民，其他大部分为基地内及周边的上班族（图2-9）。此外，上新街周边临近回民社区，因此基地内具有一定比例的少数民族居民（图2-10、图2-11）。

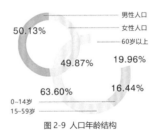

男性人口　女性人口　60岁以上

50.13%　　49.87%　　19.96%

63.60%　　16.44%

0~14岁　15~59岁

图 2-9 人口年龄结构

城镇人口　乡村人口　少数民族人口

73.46%　　1.84%

26.54%

98.16%

常住人口

图 2-10 人口城乡及民族比例

社区街巷

商业市集（民族大街）

社区底商

图 2-11 人群活动现状

2.2 空间分析

1. 空间肌理

用地范围内以南侧多层板式及北侧传统低层院落等老旧居住建筑为主，文化、商业、办公等其他配套功能较为齐全。虽然建筑整体高度有限，但空间密度较高，布局相对多样杂乱，空间呈现"南侧稀疏、北侧致密"的肌理特征。由于地块处于旧城中心地带，且建造使用时间较久，上新街历史街区内供居民活动的公共开放空间场地严重不足，大量低层建筑设施及场地质量较差，私搭乱建和随意加建（扩建）现象严重，影响了整体环境风貌秩序（图2-12~图2-14）。

图 2-12 空间肌理图

图 2-13 基地航拍现状

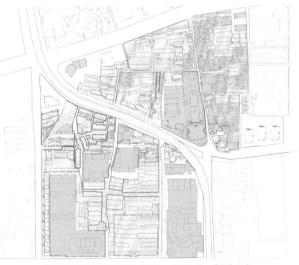

图 2-14 地块功能分布状况（黄色、粉色为居住，蓝色为公建）

2．街巷尺度

基地内存在多种层级的道路。文化西路与顺河立交桥穿越场地中，为城市的主要干路。上新街与其南部部分多为城市次级道路与小区内部道路，而民生大街、泺源大街、经八路等城市主要道路则围绕基地展开，交通便利（图2-15、图2-16）。

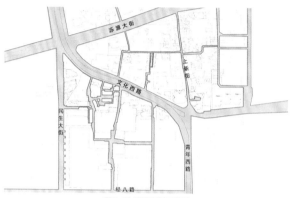

图 2-15 道路层级示意图

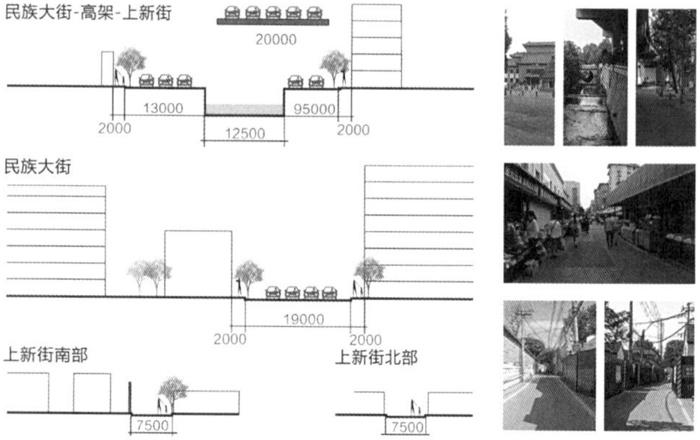

图 2-16 街巷尺度示意图

3．公共空间

基地内部存在着多种公共空间，如街巷空间、广场空间与景观空间。街巷空间有上新街与民族大街两条主要道路，其余均为街区内部小尺度街巷；而广场空间则零星分布在基地内部，且尺度不一；景观空间虽然存在较多的节点，但没能加以好好利用，也没有能够有效地结合周边建筑（图2-17~图2-19）。

图 2-17 公共空间现状

图 2-18 公共空间分布示意图

图 2-19 街巷空间与广场空间分布示意图

4．重要建筑

　　基地内部存在多种历史建筑，包含国家重点保护建筑、省级文物保护单位、市级文物保护单位等一系列古建筑或历史风貌建筑。其内部街区历史悠久，具有浓重的历史风貌，但没能很好地开发利用并向市民开放（图2-20~图2-23）。

图 2-20 历史建筑分布

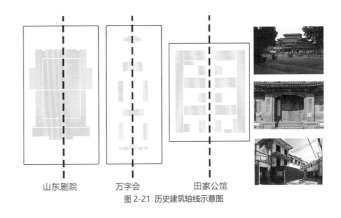

　　山东剧院　　　　万字会　　　　田家公馆

图 2-21 历史建筑轴线示意图

万字会旧址

万字会旧址主入口在区域东南侧，建筑历史悠久，建筑采用中国传统的建筑布局的手法，院落层层相叠，与建筑共同形成垂直的中轴线。

山东剧院

山东剧院在原有历史建筑基础上修建而成，是一座典型的仿古建筑，其主入口在区域南侧，人车分流，院内有停车区。

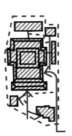

山东省济南中学

山东省济南中学（简称济南中学），其主入口在区域南侧，主要流线在场地西侧，贯穿南北，东侧多为活动场地及辅助用房。

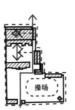

山东中医药大学第二附属医院

山东中医药大学第二附属医院整个区域呈长方形，其主要流线贯穿南北，穿过门诊部、住院部及专项科室和化验部门。

万字会旧址

山东剧院

山东省济南中学

山东中医药大学第二附属医院

图 2-22 基地内重要建筑现状

田家公馆

景园

老舍故居

张志故居

图 2-23 其他重要建筑现状

2.3 交通分析

1．动态交通

1）车行系统

机动车：单行线影响南北两侧的交通，基地周边泺源大街、文化西路均为老城区主要道路，车流量较大；基地内部车行不便，道路相对狭窄，因此车流量相对较少。

公交车：公交站点主要集中于场地四周沿主要城市道路展开，而设计场地内的公交车站数量较少，公交车站服务范围没有覆盖基地内部，使得基地内部公交系统相对不便。

轨道交通：未来地铁轨道4号线位于基地南侧且影响较大，建成后从基地通行至城市其他区域将会十分便捷（图2-24、图2-25）。

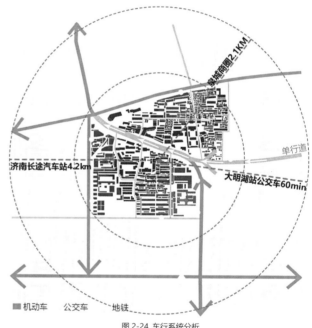
■机动车　公交车　地铁

图 2-24 车行系统分析

顺河高架路

泺源大街

图 2-25 主要道路现状

民生大街

2） 慢行系统

骑行系统：自行车交通体系不完善，部分道路缺少自行车道；自行车停靠点相对不完善，停放混乱，会阻碍交通正常通行；社区内部自行车的交通功能较强。

步行系统：相对于骑行系统，步行系统的可达性较好，内部的步行网络较为杂乱；公交站点和单车停靠点与步行网络结合较好，出行较为方便；自基地内部至济南站、泉城商圈以及千佛山风景区等地步行都能较为便捷地到达（图2-26、图2-27）。

图 2-27 慢行系统分析

图 2-26 步行空间现状

2．静态交通

基地内部大多数公共建筑周围都分布有停车场，显著增加了停车位数量，便于服务周边城市居民。场地内缺少地下停车场，使得地面静态交通压力增大，且地面停车场占据了过多的城市空间。场地内停车场数量较少且多街边停车位，存在较多街边停车的现象，侵占了街道空间（图2-28、图2-29）。

图 2-29 静态交通分析

图 2-28 停车场地现状

山东建筑大学

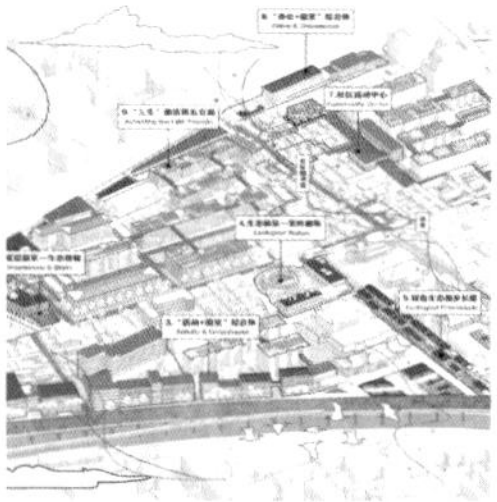

1组 三生融合 上新新生

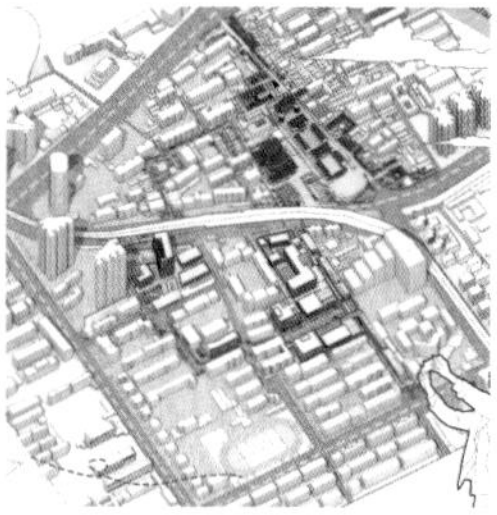

2组 我的双"修"日

北方工业大学

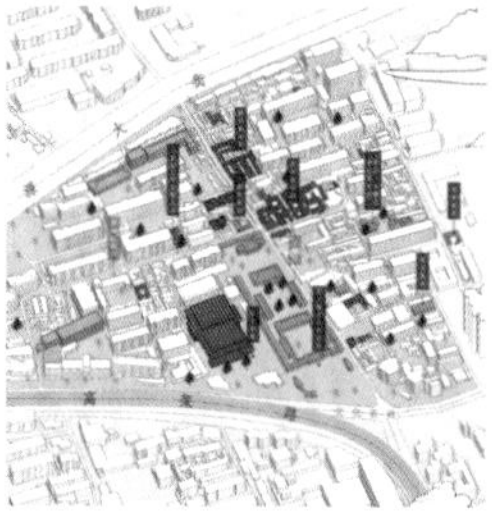

1组 拼贴街区

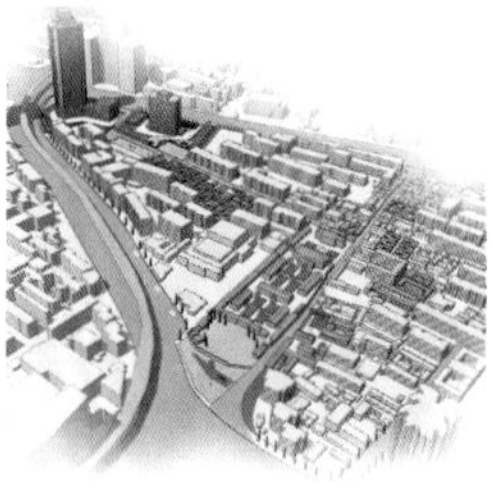

2组 融合·上新

内蒙古工业大学

1组 织融

2组 环聚万巷 戏说老街

烟台大学

1组 新旧相生 和而不同

2组 上新常新 循泉映城

3　设计成果

FINAL PRESENTATION

3.1 山东建筑大学

指导老师：任　震　周忠凯　高晓明　刘长安

1 组　　三生融合　上新新生

于泽龙　刘昱廷　石丰硕　初馨蓓

2 组　　我的双"修"日

李熠晴　康　淼　赵锦涵　张开翔

1 组

三生融合 上新新生

——生产元素介入下的三生融合上新街片区城市设计

　　"上新2049"灵感来自于"银翼杀手2049"，同时"49"谐音"思旧"，我们希望它是一个连接过去与未来的纽带，同时"上新2049"绝不仅仅是虚无缥缈的一纸空文，它将有可能代表未来城市发展趋势，而它即将成为一个"范式"，应用于不同复杂情况的城市环境。

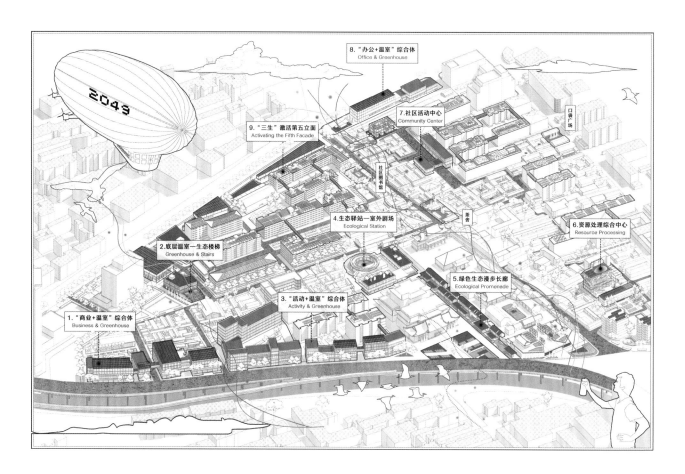

8."办公+温室"综合体
Office & Greenhouse

7.社区活动中心
Community Center

口袋广场

9."三生"激活第五立面
Activating the Fifth Facade

社区图书馆

茶舍

4.生态驿站—室外剧场
Ecological Station

6.资源处理综合中心
Resource Processing

2.底层温室—生态楼梯
Greenhouse & Stairs

5.绿色生态漫步长廊
Ecological Promenade

3."活动+温室"综合体
Activity & Greenhouse

1."商业+温室"综合体
Business & Greenhouse

区位分析

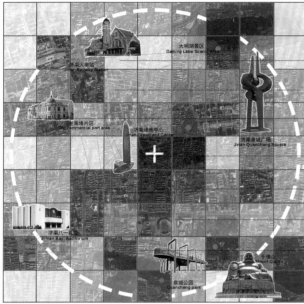

大明湖景区
Daming Lake Scenic Area

济南火车站
Jinan Railway Station

旧商埠片区
Old Commercial port area

济南绿地中心
Jinan Greenland Center

济南泉城广场
Jinan Quancheng Square

济南百乐门
Jinan Bay Auditorium

千佛山
Mount Qianfo

泉城公园
Quancheng park

上新街历史街区位于济南圩子墙保护区的西南部,趵突泉的南侧,南巷口正对文化西路,北抵泺源大街,西侧毗邻顺河高架,是济南的绝版地块。街区周边交通优势也比较明显,距离济南站和大明湖站近,且街区东侧紧邻顺河高架,交通十分方便快捷,并且上新街历史街区还将大明湖、趵突泉、泉城公园等济南著名地点进行串联,具有良好的区位优势。

▲ 城市公园
○ 城市节点
＋ 场地区位
□□□ 辐射范围

人群分析

人口年龄分布
Population age distribution

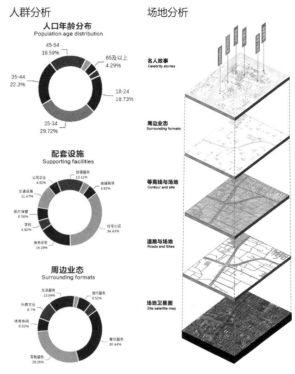

45-54 18.59%
65及以上 4.29%
35-44 22.3%
18-24 18.73%
25-34 29.72%

配套设施
Supporting facilities

公司企业 4.92%
住服务 13.11%
交通设施 11.47%
商铺服务 4.92%
医疗保健 6.56%
学校 4.92%
商务住宅 16.39%
住宅小区 34.43%

周边业态
Surrounding formats

生活服务 13.04%
旅行服务 6.52%
科教文化 8.7%
体育休闲 6.52%
餐饮服务 30.44%
零售服务 28.26%

场地分析

名人故事
Celebrity stories

周边业态
Surrounding formats

等高线与场地
Contour and site

道路与场地
Roads and Sites

场地卫星图
Site satellite map

现状分析

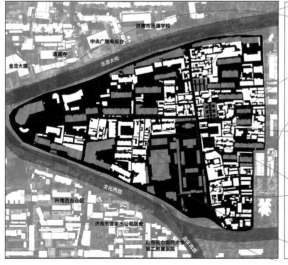

济南市泺源学校
中央广播电视台
泺源大街
浦嘉寺
金龙大厦
文化西路
杆南西小区
济南市自来水公司宿舍
山东省中医药大学第二附属医院

供电局大楼——突兀
The power Supply Office building

泺源街道小区——破旧
Luoyuan Street District

徐家花园小区——设施落后
Xujiahuayuan residential area

红砖小楼——破败
Red brick building

传统街道——狭窄
A narrow street

城中村现状——反差
The status quo of villages in cities

名人故居——荒芜
A celebrity's former residence

景园旧址——功能混乱
The site of Jingyuan

万字会旧址——封闭
The site of the Swastika

历史动态变迁

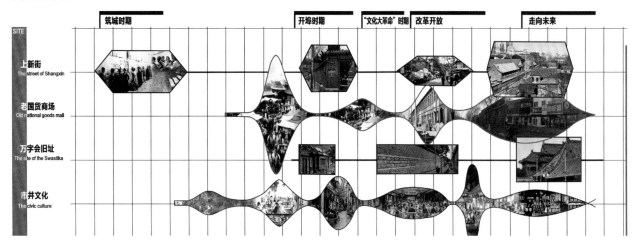

SITE

| 筑城时期 | 开埠时期 | "文化大革命"时期 | 改革开放 | 走向未来 |

上新街
The street of Shangxin

老国货商场
Old national goods mall

万字会旧址
The site of the Swastika

市井文化
The civic culture

基于"三生"理念生产性城市的调研问题发现及基础解决措施

问题发现 The problem found

生产：产业模式单一
Production:Single industrial model

形式单一　Single form　**参与度低**　Low participation

国货商场（单一业态）
Single form Single formSingle form

开放程度底
Single form Single formSingle form

产业模式单一，片区内以第三产业为主，内部居民获取资源多是靠自身片区外解取资源
The industry mode is single, the tertiary industry is the main industry in the area,

以老国货商场等为主的第三产业难以满足居民和游客的需求
unable to meet the needs of residents and tourists

上新街片区不道建筑缺少电气、暖气，基至有些需要去屋外的公共测所烧饭
The private construction phenomenon in the area is serious, which seriously blocks the tion

总结：形式单一 参与度低
Conclusion: Single form and low Participation

生活：基础设施落后、城市规划凌乱
Life:undeveloped infrastructure、Messy urban planning

基本生活条件难以满足
Basic living conditions are difficult to meet

脏乱差社区环境
Dirty and unwholesome living conditions

生活体验的单调
A monotonous life experience

煤气、暖气、厕所
Single form Single formSingle form

私搭乱建、垃圾堆放
Single form Single formSingle form

公共场所乱停乱放
Single form Single formSingle form

上新街片区不道建筑缺少电气、暖气，基至有些需要去屋外的公共厕所烧饭
The bungalows lack gas and heating

通道或公共空间存在私搭乱建，垃圾堆放等问题
Roads or public Spaces have problems garbage piling and so

片区缺少公共停车车为，导致私家车占用公共空间进行停车
The lack of public parking in the area leads to private cars

总结：难以满足的生活条件和脏乱差的社区环境
Conclusion: Difficult to meet the living conditions and dirty community environment

生态：分布不均、形式单一
Ecological:Uneven distribution、single form

片区绿化率低
Low green rate

绿化分布不均
Uneven green distribution

雨水排涝不通
Rainwater problem

绿化植被稀疏
Afforestation Sparse vegetation

植被分布不均匀
Vegetation is not evenly distributed

雨季洪涝
The rainy season floods

安有统一严谨的规划导致绿被率底，没有绿地造景
The lack of uniform and rigorous planning leads to the neglect of vegetation

植被多是原有植物或居民种植，没有规划布局
Most of the plants are original plants or residents planted, no planning layout

上新街特殊的地势和不发达的排水系统导致雨水汇集
The special topography and poor drainage system er

总结：绿化情况差，急需整治
Conclusion: The afforestation situation is poor, urgently

措施构想 Measures idea

生产：产业模式多样
Production:Diverse industrial models

自给自足　No exist　**参与体验**　No participation

生产与生活相结合
Combine production with life

体验种植
Experience farming

自给自足的产业模式使居民可以自行获取资源
The self-sufficient industry model allows residents to obtain resources for themselves

获取资源的同时对外参游客也是一种参与与体验
The acquisition of resources is also a kind of participation and experience for foreign tourists

自给自足的生活相可以带动生活满足感，多自体验带等生活品质提高
Self-sufficient living model brings life satisfaction,

总结：多变的产业模式
Conclusion: Diverse industrial models

生活：生活品质提高、体验方式多
Life:Improvement of quality of life, monotonous Experience

基础设施完善
Basic living conditions are difficult to meet

街道、清洁空间整治
Dirty and unwholesome living conditions

生活体验形式的多样
A monotonous life experience

满足正常使用需求
Meet normal usage requirements

干净整洁的街道
Clean and tidy streets

丰富的生活
A rich life

铸修简洁明了，干净清新
The decoration is simple and clear, clean and fresh

街道整洁干净，没有垃圾
The streets are clean and clean, free of litter

生活品质提高，方式更多
Quality of life improved, more ways

满足正常生活需要，生活品质提高
Meet the needs of normal life, improve the quality of life

总结：优质的生活
Conclusion: Quality of life

生态：充分利用公共空间、产用结合
Ecological:Make full use of public space、Combination of production

片区绿化率提高
Increased green rate

绿化分布规划、连接
Green distribution planning, Connection

雨水收集再利用、水景
Rainwater collection and reuse, waterscape

有效规划
Effective planning

植物细致排布
The plants are neatly arranged

雨水的巧妙利用
Clever use of rainwater

片区绿化率显著提高
The lack of uniform and rigorous

植物的整体种植率提高
The effective planting rate of plants increased

雨水变宝为宝
The rain turned to treasure

充分利用公共空间，产用结合
Make full use of public space and combine production with use

总结：增强绿化覆盖率，有效种植，合理规划
Conclusion: Enhance the green coverage rate, effective planting, reasonable planning

方案操作步骤

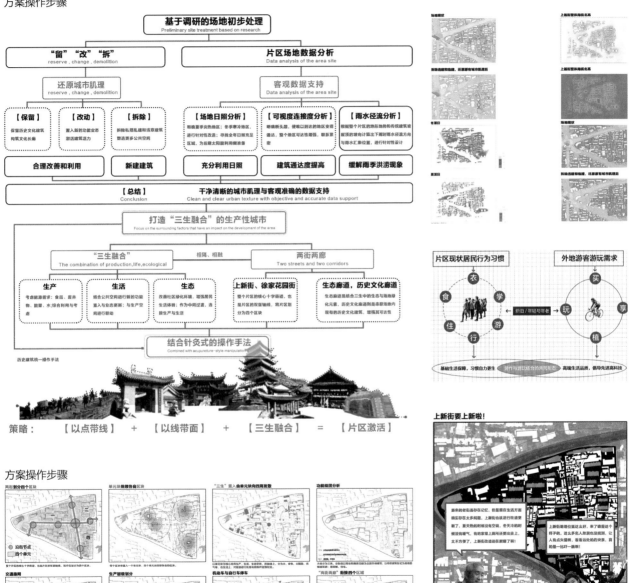

策略： 【以点带线】 + 【以线带面】 + 【三生融合】 = 【片区激活】

方案操作步骤

设计概念分析

A 三生融合

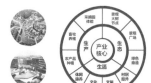

三生指生产、生活和生态三个层面,三生融合指的是将三者结合起来,"生产+生活"/"生产+生态"/"生活+生态",三生一体,上新新生。

B 生态

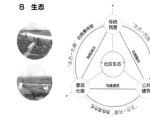

生态指的更多是社区生态,包括在传统民居、景观长廊、公共建筑三方面,形成"生态+长廊"的观景体验、"生态+民居"的融合模式、"生态+共建"的生活方式。

C 生活

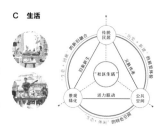

社区生活指的更多是社区生活,包括传统民居、景观绿化、公共空间三方面,形成"生态+回廊"的新旧融合、"生态+休闲"的特色空间、"历史+新建"的展览体验。

D 生产

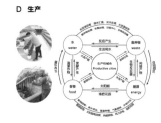

生产方面根据生产型城市的建设原则,根据能源需求分为水、废弃物、食物、能源四个方面,并根据居民需求与产出进行合理利用与划分。

总平面图

三生融合,上新新生

生产元素介入下的三生融合上新街片区城市设计

——Urban Design of Shangxin Street Area of Sansheng Integration under the Intervention of Production Elements

总平面图 Site plan 1:1500

　　"生态+生产"空间联动：以生态保护为前提，将生态廊道、生态节点与现代农业相结合，并以互动式农业促进和改造第一产业，用第三产业带动和帮助第一产业，各生产要素有机整合，第一、二、三产业联动的发展模式。"生产+生活"空间联动：通过对传统民居、重要建筑、广场、道路等生活空间进行全域整体提升优化，打造和谐生活空间，以此带动文旅产业发展，达到"既传承文化，又提升片区，更促进产业"的规划目的。"三生融合"体现了以人为本的发展思路，将生产、生活、生态等功能有机结合，满足街区内部的自我循环，通过营造符合人本需求的城镇特色空间感受，打造生态生活轴线、产业构筑片区发展轴、嵌入生态农业，形成集旅游、休闲、文化、生态等多种功能于一体的人居空间环境。

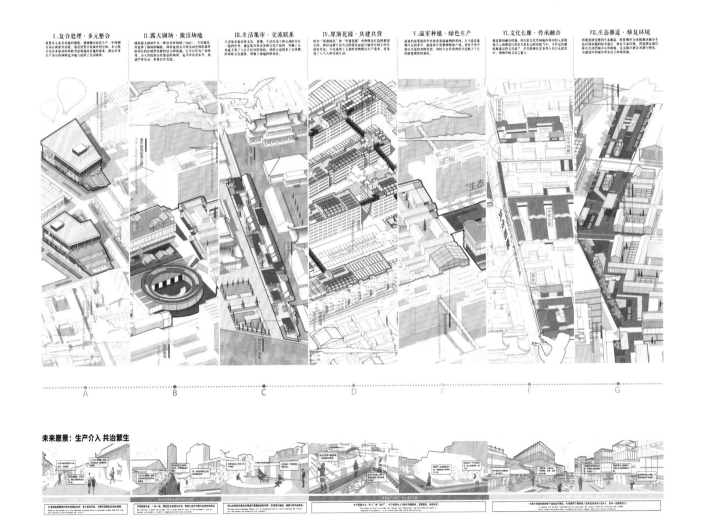

屋顶界面

设计思路

居民区第五立面
Residential Rooftop

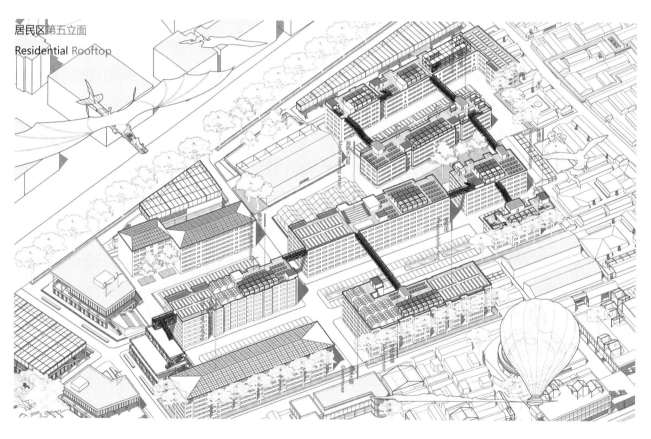

温室+商业综合体
顶层设置温室，供给食物，中间层设置商业办公，底层架空提供活动空间场所。

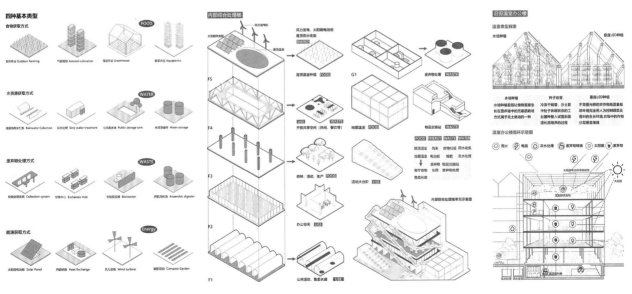

四种基本类型

食物获取方式
室外农业 Outdoor Farming ｜ 气雾栽培 Aerosol cultivation ｜ 玻璃农业 Greenhouse ｜ 鱼菜共生 Aquaponics

水资源获取方式
地面雨水汇集 Rainwater Collection ｜ 灰水处理 Grey water treatment ｜ 公共蓄水池 Public storage tank ｜ 末端回收储存 Water storage

废弃物处理方式
牧草处理系统 Collection system ｜ 交换中心 Exchange Hub ｜ 生物反应器 Bioreactor ｜ 厌氧消化池 Anaerobic digester

能源获取方式
太阳能电池板 Solar Panel ｜ 热能转换 Heat Exchange ｜ 风力发电 Wind turbine ｜ 堆肥花园 Compost Garden

内部综合处理楼

风力发电机
太阳能电池板
风力发电、太阳能电池板 屋顶雨水收集 ENERGY

F5 太阳能电池板
屋顶温室种植 FOOD
G1

F4
开放共享空间（休闲、餐饮等）USE
地面温室 FOOD
废弃物处理 WASTE

F3
森林：活动、生产 FOOD
物品交换站 WASTE

F2
办公空间 USE
活动大台阶 USE

FOOD ENERGY WASTE WATER
屋顶温室 风车 食物加工 屋顶雨水收集
地面温室 电池板 堆肥 灰水处理
物品交换站 餐厨食物 废弃物处理
售卖长廊

F1
公共活动、售卖长廊 USE
内部综合处理单元示意图

沿街温室办公楼

温室类型探索
水培种植 ｜ 垂直LED种植

水培种植
水培种植即是指让植物直接生长在营养液中的无基质栽培方式属于无土栽培的一种

种子培育
冷冻干燥、沙土掩埋中包子体眠状态的工业激种植、试管苗等沉化增培养的过程

垂直LED种植
不需要光照即可作物高质量栽培场构境完全用人力控制栽培及香料的生长环境、农场中的作物分层覆盖堆肥

温室办公楼循环示意图
雨水 ｜ 电能 ｜ 灰水处理 ｜ 废弃物转换 ｜ 太阳能 ｜ 废弃物

区位分析

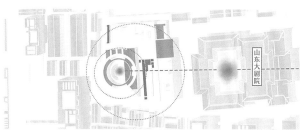

设计思路

爆炸轴测图

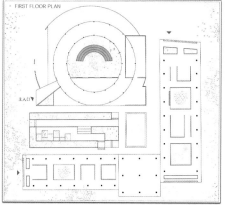

策略体系

▌"藏"在剧院后的生态驿站

生态驿站集绿地广场、"垂直森林"办公楼、环形游廊、露天小剧场、屋顶花园于一体,形成了新型绿色综合体,能够满足不同个人、居民和游客的日常需求。同时作为山东剧院文化轴的核心,驿站以圆形辐射周围街区,增加公众吸引力。

▌"隐"在建筑下的生态台阶

建筑在立面上采用了虚实结合的手法来最大限度地将自然光线引入,底层功能设置为温室绿地,结合玻璃花房,有利于街区的生态环境。面对街道的大楼梯结合起伏的座椅设置和绿化,交通空间变为观景长廊。

▌"融"在民居间的共生游廊

对于历史院落采取"修旧置新"的更新改造手段,通过植入回廊系统,将分散的建筑联系在一起,轻盈、透明的廊道空间与沧桑灰暗的旧建筑形成气质上的反差,新与旧产生对话,新与旧的影响也相互叠加。

人群分析

民居改造策略

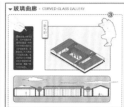

公共空间分析

区位分析

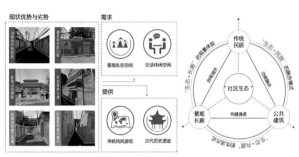

生态廊道节点位于上新街片区的西南侧，地处南新街和沿街商业片区之间东西贯穿片区，视野开阔，景观价值极高。内置雨水花园和雨水收集系统，未来具有较高的经济价值。

设计思路

3x策略体系
Three space Strategy System

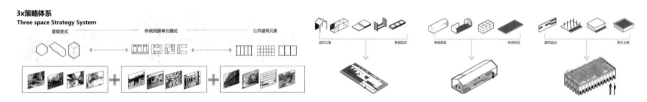

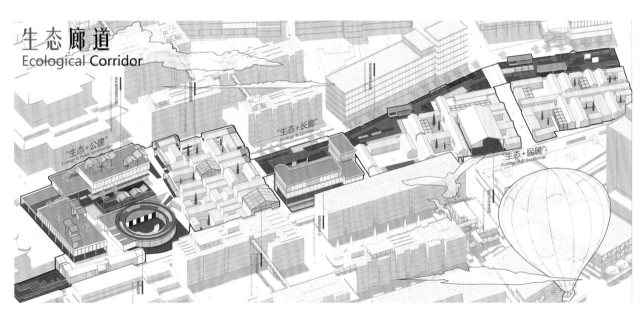

生态廊道
Ecological Corridor

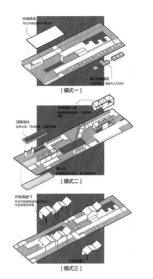

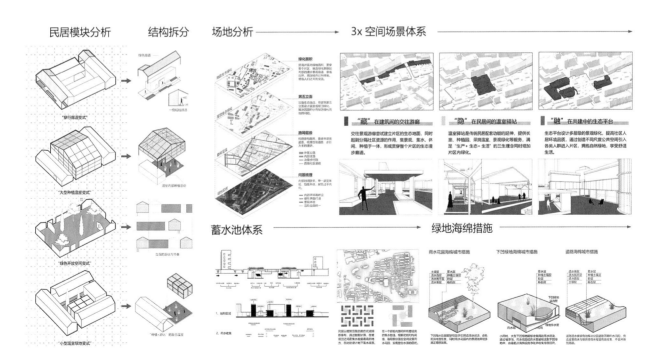

设计心得与体会

于泽龙

刘昱廷

石丰硕

初馨蓓

感悟

　　通过参与本次"济南上新街片区更新"四校联合项目，我们从专业角度进一步加深了对于城市设计思考方式和操作模式的理解。从场地调研到问题梳理，提出更新理念和策略，进而找到适宜的切入点和操作路径，我们不断地优化设计框架和思路，不仅是技术的进步，更理解了合理计划工作内容、团队合作推进的重要价值。同时，通过参与本次城市设计，更了解到不同院校的老师及小伙伴们的城市设计教学特点与方式方法，汲取了不同的设计思路，观摩了更多的优秀设计，受益匪浅。

　　希望在以后的学习和工作中，能将本次四校联合设计的收获学以致用，实现更好的提升和进步。

2 组

我的双"修"日
——基于社区休憩与城市修补的内外双线系统上新片区更新设计

　　《我的双"修"日》试图挖掘当代社会背景下片区内人们现在以及未来的真正需求。放眼城市层面，外线设计从"城市修补"层面进行文化记忆、生态等方面的更新。而面对居住与市中心老城的居民，设计中的内线从"休憩"出发，通过多类型策略打造"休憩社区"，改善居民居住环境，创造绿色健康生活。内外线并行，激活片区，提倡健康生活，带动城市发展。

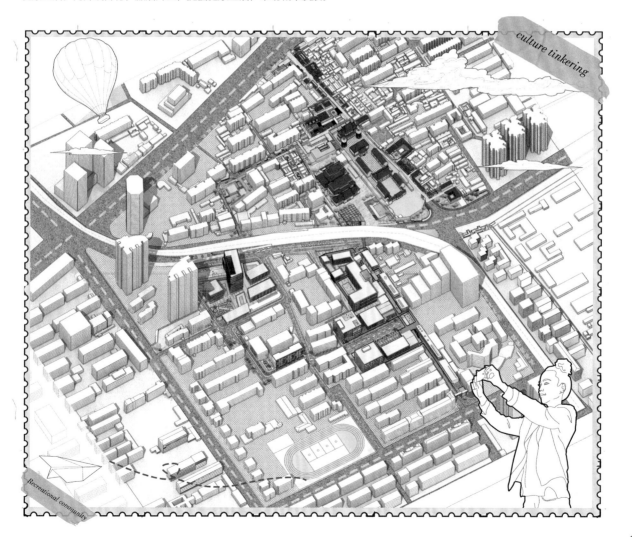

历史沿革

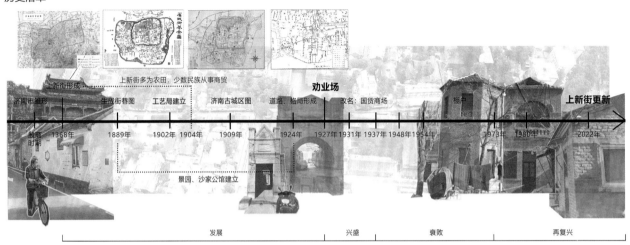

济南市雏形　　　　上新街形成　　生成街巷图　工艺局建立　　济南古城区图　道路、格局形成　改名：国货商场　　　棚户　　　上新街更新

上新街多为农田，少数民族从事商贸　　　　　　　　　　劝业场

殷商　　1368年　　　1889年　　1902年 1904年　　1909年　　　　1924年　　　1927年 1931年 1937年 1948年1954年　　1973年 1980年　　　2022年
时期

景园、沙家公馆建立

发展　　　　　　　　　　　　兴盛　　　　衰败　　　　　　再复兴

基于"三生"理念生产性城市的调研问题发现及基础解决措施

历史文化与上位规划

上位规划

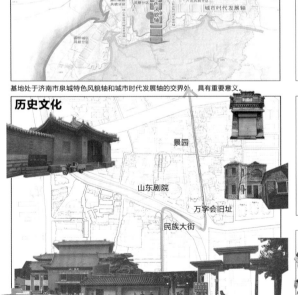

基地处于济南市泉城特色风貌轴和城市时代发展轴的交界处，具有重要意义

历史文化

景园

山东剧院

万字会旧址

民族大街

人口分析

第七次全国人口普查人口比例

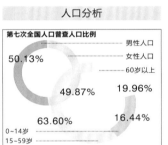

50.13%　　　　男性人口

　　　　　　女性人口

　　　　　　60岁以上

49.87%　　19.96%

63.60%　　16.44%

0~14岁

15~59岁

第七次全国人口普查人口比例

73.46%　　1.84%　　城镇人口

　　　　　　乡村人口

　　　　　　少数民族人口

26.54%

98.16%

常住人口

以放松为主的运
动形式，有较多
的社交时间。

以社交为主的运
动形式。工作压
力大，较繁忙。

喜欢运动，喜欢社
交。需要大面积的
活动区域。

老年　　　　中年　　　　青少年

设计思路

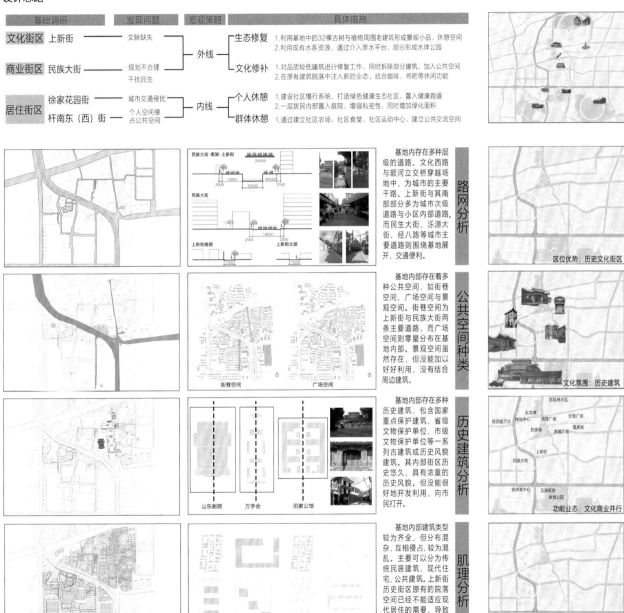

基础调研	发现问题	宏观策略	具体措施

文化街区 上新街 —— 文脉缺失 —— 外线 —— 生态修复 —— 1.利用基地中的32棵古树与植物周围老建筑形成景观小品、休憩空间
2.利用现有水系资源,通过介入亲水平台,部分形成水体公园

商业街区 民族大街 —— 规划不合理 干扰民生 —— 文化修补 —— 1.对品质较低建筑进行修复工作,同时拆除部分建筑,加入公共空间
2.在原有建筑院落中注入新的业态,结合咖啡、书吧等休闲功能

居住街区 徐家花园街 —— 城市交通侵扰 —— 内线 —— 个人休憩 —— 1.建设社区慢行系统,打造绿色健康生态社区,置入健康跑道
2.一层居民内部置入庭院,增强私密性,同时增加绿化面积

杆南东(西)街 —— 个人空间侵占公共空间 —— 群体休憩 —— 1.通过建立社区农场、社区食堂、社区运动中心,建立公共交流空间

路网分析

基地内存在多种层级的道路。文化西路与顺河立交桥穿越场地中,为城市的主要干路。上新街与其南部部分多为城市次级道路与小区内部道路。而民生大街、泺源大街、经八路等城市主要道路则围绕基地展开,交通便利。

区位优势:历史文化街区

公共空间种类

基地内部存在着多种公共空间,如街巷空间、广场空间与景观空间。街巷空间为上新街与民族大街两条主要道路,而广场空间则零星分布在基地内部。景观空间虽然存在,但没能加以好好利用,没有结合周边建筑。

街巷空间　广场空间

文化氛围:历史建筑

历史建筑分析

基地内部存在多种历史建筑,包含国家重点保护建筑、省级文物保护单位、市级文物保护单位等一系列古建筑或历史风貌建筑。其内部街区历史悠久,具有浓重的历史风貌,但没能很好地开发利用,向市民打开。

山东剧院　万字会　田家公馆

功能业态:文化商业并行

肌理分析

基地内部建筑类型较为齐全,但分布混杂,互相侵占,较为混乱。主要可以分为传统民居建筑、现代住宅、公共建筑。上新街历史街区原有的院落空间已经不能适应现代居住的需要,导致居民私搭乱建和无序加建的现象严重。

居住条件:老旧小区

空间问题

空间问题·公共空间

空间问题·公共空间

空间问题·建筑空间

空间问题·建筑空间

空间问题·公私空间

公共空间的位置与数量

基地中的公共空间大多是建筑建设完成后被迫围合成的场地，这些场地的位置多位于建筑边角和偏僻处，位置多有缺陷。其中基地公共空间主要多位于街区的主入口附近，其次位于小区内部等位置。

公共空间的位置分散、面积不足且数量较多，难以统一管理，质量不佳不利于居民使用。

公共空间开放性与尺度

基地中的公共空间基本分为公共建筑的公共空间和居民生活公共空间。公共建筑的公共空间面对群体单一且活力不足，但是尺度相对更大。

居民生活的公共空间相对更加随意，开放性强，缺少私密空间，空间尺度无特殊规划且相对混乱，多根据场地因地制宜。

建筑的间距与供需配比

基地中的建筑多为老建筑，建设年代久远，故建筑的间距不符合目前规范要求，又因为私搭乱建现象的存在，建筑间间距问题更加严重。

老街区的建筑多为居民楼和公共建筑，对于居民需要的其他各种建筑类型配置并不完善，导致基地内建筑供需配比不く，生活不便。

基地各类型建筑质量

基地中大部分建筑建设年代较早，建筑质量普遍不佳。

上新街片区多为历史风貌建筑，建筑质量急需改善。

居民楼因建设时间不一，质量良莠不齐。

场地内最具价值的万字会保存较完好，但未被充分利用。

公共建筑普遍质量较好，实用性强。

公私空间的竞争与博弈

基地中现存的公共空间目前大多被居民自发的私搭乱建现象占据，导致公共空间充斥着大量不合理私人空间内容，从而使得公共空间失去了活力增长的机会。

居民私搭乱建现象的出现一是居民个人活动空间不足，二是人们对于公共私人空间的组织管理不当，对于空间无归属感，无自发性。

城市层面

公共空间
居民常用空间
桥下空间
居民公共空间
公建公共空间

城市层面

面向单位开放、尺度大
面向居民开放、尺度小

城市层面

居住片区
商业片区
历史古迹

城市层面

质量欠佳建筑

居民层面

私人空间与公共空间博弈

交通分析

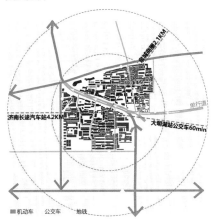

动态交通

机动车:单行线影响南北两侧交通,基地周边车流量大;基地内部车行不便,道路狭窄。

公交车:公交站点主要集中于场地四周,沿主要城市道路展开;设计场地内的公交车站较少;公交车站服务范围没有覆盖基地内部。

地铁:未来地铁轨道4号线位于基地南侧且影响较大。

静态交通

停车:

大多数公共建筑周围分布有停车场,便于服务城市居民。场地内缺少地下停车场,地面停车场占据过多城市空间。场地内停车场较少,存在街边停车的现象,侵占街道空间。

慢行系统

骑行:自行车交通体系不完善,部分道路缺少自行车道;自行车停靠点不完善,停放混乱,会阻碍交通正常进行;社区内自行车的交通功能较强。

步行:步行可达性较好,内部有步行网络杂乱;公交站点和单车停靠点与步行网络结合较好。

概念阐述

当代人应学会休息

社会竞争严酷:当下的中国正处于社会加速转型时期,产业结构调整,就业结构改变,这些都要求人们必须尽快地适应现实生活,加快步伐跟上经济增长速度,竞争也更为严酷和激烈。

不敢也不会休息:在人人创业的时代氛围下,拼命赚钱,玩命创业,成为中青年一代人的人生追求。而在整个生命周期中,人们普遍认为这一年龄段处于最佳状态,相对就会忽视自身健康,认为身体状态还不错。种种客观因素,逼迫年轻人抓紧时间工作,而"不敢休息",也"不会休息"。

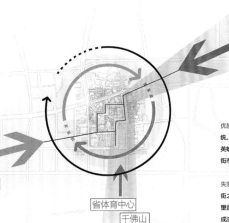

济南记忆应被共同激发

优越的区位:济南作为我国的历史文化名城之一,具有深厚的历史和文化传统。基地区位优越,北邻天下第一泉风景区,南邻泉城公园、省体育中心及英雄山景区。基地内部有传统历史街区上新街以及居民认同度较高的民族大街市场,文化价值与社区人流基础并存。

失落的现状:上新街历史文化街区破旧较为严重,文化氛围缺失。与民族大街之间被一高架桥割裂,南北地块之间衔接感差。由于上新街文化氛围缺乏塑造加之民族大街商业性质较为单一,难以形成文化心脏带动周边片区,形成济南城市名片。

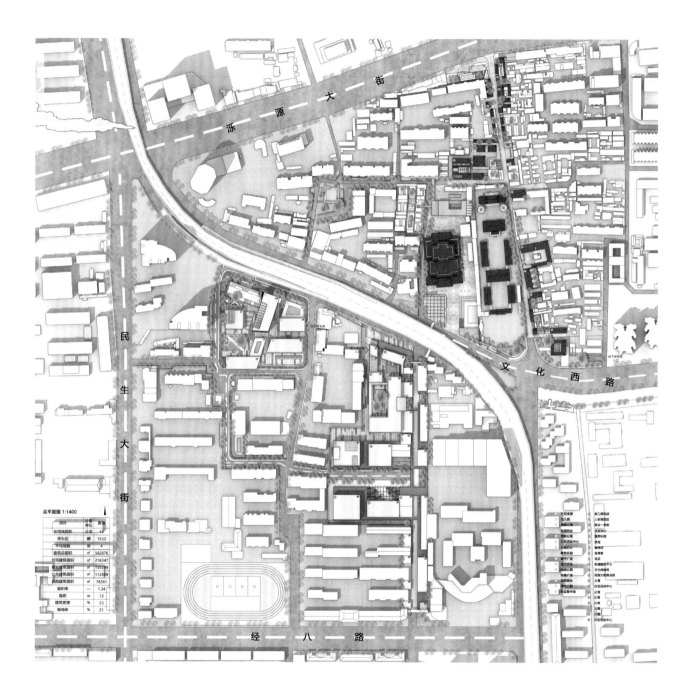

地块位置

此片区位于整体改造片区的南侧，北至顺河高架桥，南至经八路，东临民族大街，西接民生大街。片区内主要问题可概括为交通累、业态远、空间乏、私密差和品质忧。本次设计通过介入休憩社区的概念对其进行改造设计。

地块现状

我不想动！——让人想逃的公共空间

交通累　　　业态远　　　空间乏

问题阐释1：
地块所在区域道路狭窄并且伴随侵占，车位紧张，交通环境较差，不利于慢行交通。

问题阐释2：
便民业态多分布在基地外缘，地块内业态单一，不便于居民日常生活。

问题阐释3：
公共空间单一乏味，缺乏节点塑造，且沿街居民楼对其侵占严重，居民楼老旧现象严重。

我想静静！——备受打扰的居家生活

私密差　　　　品质忧

问题阐释4：
地块内存在居民楼紧邻高架桥与道路的情况，居民生活声、光环境较差，受到严重侵扰。

问题阐释5：
地块内存在居民楼老旧现象严重，居民生活质量较差，有安全隐患。

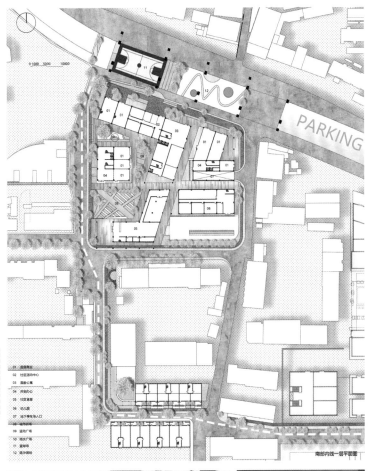

南部内线一层平面图

对应策略分析

对"休憩"进行分类

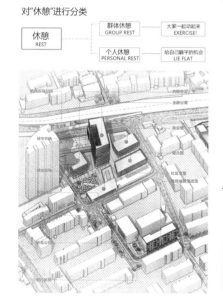

休憩		
REST	群体休憩 GROUP REST	大家一起动起来 EXERCISE!
	个人休憩 PERSONAL REST	给自己躺平的机会 LIE FLAT

群体休憩对应策略

大家一起动起来

拆旧 ———— 建立全龄社区

置入慢行系统 ———— 阳光跑道绿色
骑行道景观带

消极空间
改造 ———— 街角空间的边园
———— 高架桥下的运动公园

功能景观置入 ———— 城市农场
戏水公园
运动广场

个人休憩对应策略

给自己躺平的机会

权属重新界定 ———— 沿街居民楼底
层主动提供院
落

片区内置入便
民业态 ———— 新建公寓底层
为商业,二层
以上提供居住

存在问题

问题 I　公共性不强

问题 III　年久失修、停车不便

问题 II　交通不便、功能混杂

问题 IV　商业侵扰居民生活

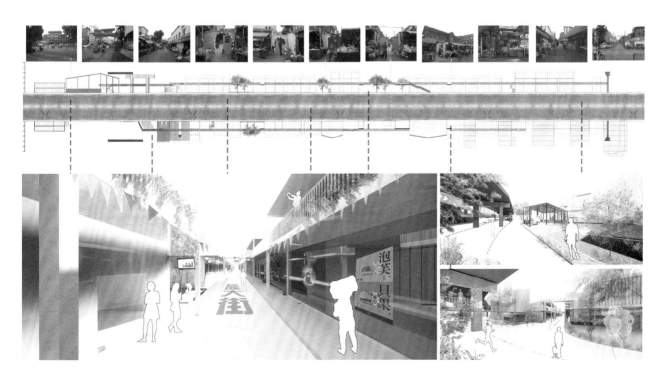

首层平面图

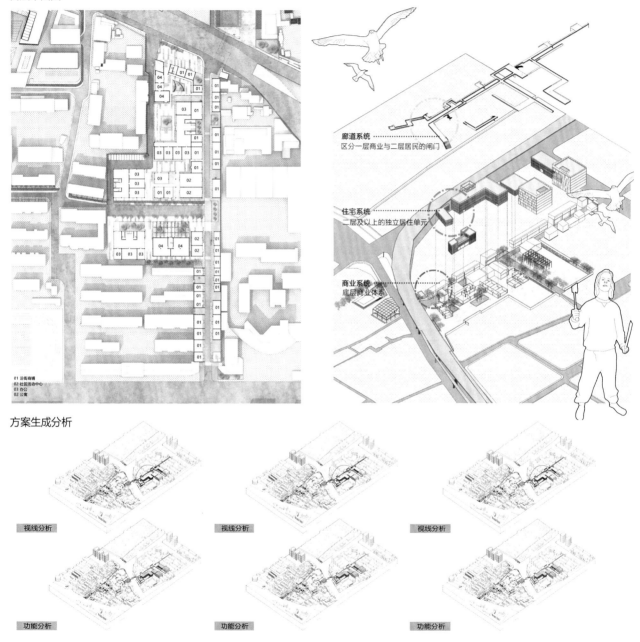

01 沿街商铺
02 社区活动中心
03 办公
02 公寓

廊道系统
区分一层商业与二层居民的闸门

住宅系统
二层及以上的独立居住单元

商业系统
底层商业体系

方案生成分析

视线分析　　　　视线分析　　　　视线分析

功能分析　　　　功能分析　　　　功能分析

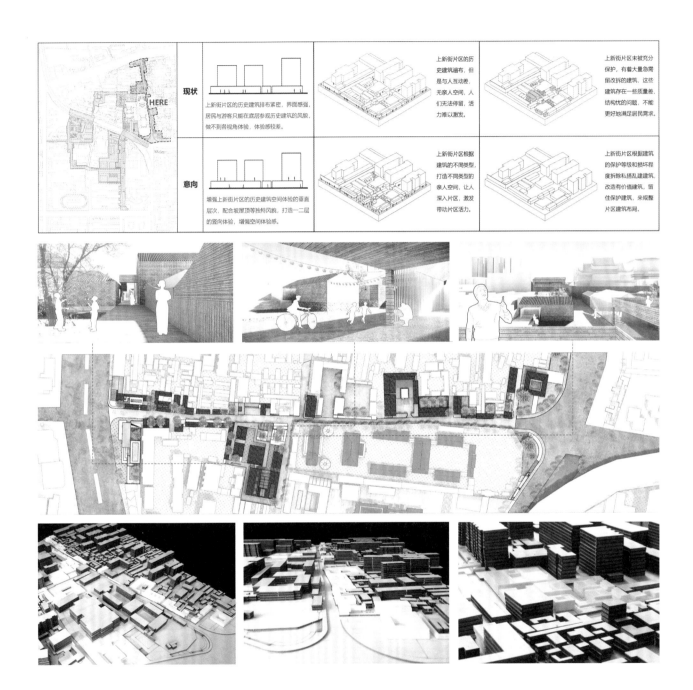

| | 现状 | 上新街片区的历史建筑排布紧密，界面感强，居民与游客只能在底层参观历史建筑的风貌，做不到各视角体验，体验感较差。 | 上新街片区的历史建筑遍布，但是与人互动差，无亲人空间，人们无法停留，活力难以激发。 | 上新街片区未被充分保护，有着大量急需留改拆的建筑，这些建筑存在一些质量差、结构忧的问题，不能更好地满足居民需求。 |
| 意向 | 增强上新街片区的历史建筑空间体验的垂直层次，配合坡屋顶等独特风貌，打造一二层的竖向体验，增强空间体验感。 | 上新街片区根据建筑不同类型，打造不同类型的亲人空间，让人深入片区内，激发带动片区活力。 | 上新街片区根据建筑的保护等级和损坏程度拆除私搭乱建建筑，改造有价值建筑，留住保护建筑，来规整片区建筑布局。 |

更新策略

首层平面图

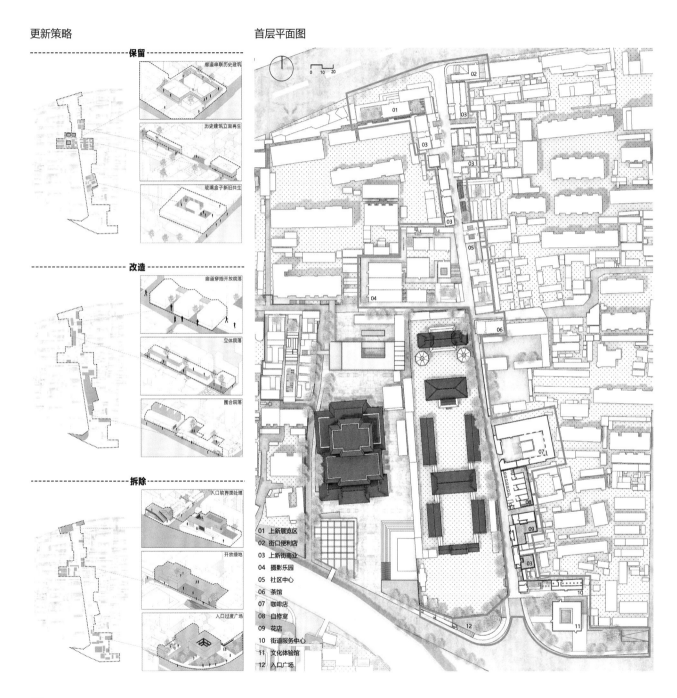

保留

廊道串联历史建筑

历史建筑立面再生

玻璃盒子新旧共生

改造

廊道穿插开放院落

立体院落

围合院落

拆除

入口软界面处理

开放绿地

入口过渡广场

01 上新展览区
02 街口便利店
03 上新街商业
04 摄影乐园
05 社区中心
06 茶馆
07 咖啡店
08 自修室
09 花店
10 街道服务中心
11 文化体验馆
12 入口广场

前期问题

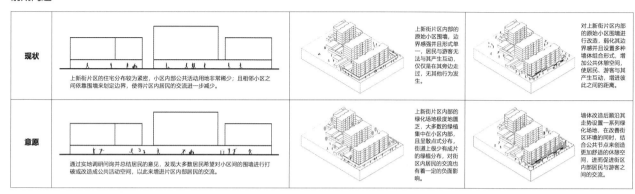

				上新街片区内部的原始小区围墙,边界感强且形式单一,居民与游客无法与其产生互动,仅仅是在其旁边走过,无其他行为发生。		对上新街片区内部的原始小区围墙进行改造,弱化其边界感并且设置多种墙体组合形式,增加公共休憩空间,使居民、游客与其产生互动,增进彼此之间的距离。
现状	上新街片区的住宅分布较为紧密,小区内部公共活动用地也非常稀少;且相邻小区之间依靠围墙来划定边界,使片区内居民的交流进一步减少。					
意愿	通过实地调研问询并总结居民的意见,发现大多数居民希望对小区间的围墙进行打破或改造成公共活动空间,以此来增进片区内部居民的交流。			上新街片区内部的绿化场地极度地匮乏,大多数的绿植集中在小区内部,且呈散点式分布,街道上很少有成片的绿植分布,对街区内居民的交流也有着一定的负面影响。		墙体改造后顺沿其走势设置一系列绿化场地,在改善街区环境的同时,结合公共节点来创造更加舒适的休憩空间,进而促进街区内部居民与游客之间的交流。

更新策略

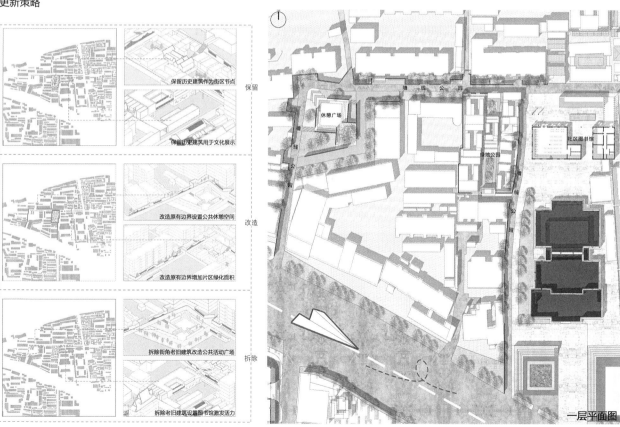

一层平面图

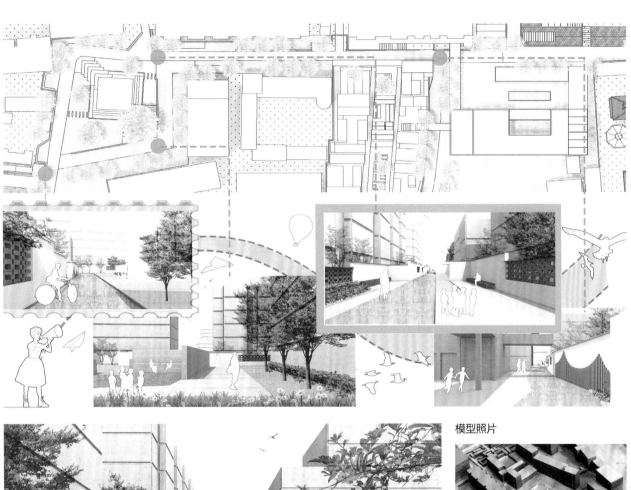

模型照片

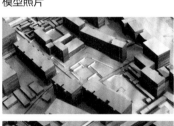

设计心得与体会

李熠晴

康 淼

赵锦涵

张开翔

感悟

　　四校联合设计是我们首次以团队方式接触的城市尺度设计题目，通过参与济南上新街片区的整体设计，使我们对建筑设计与城市设计的融合操作有了更深层次的理解，更进一步适应了团队协作的合作设计方式。为了实现适合环境特征的在地性的空间更新设计，前期场地调研阶段尤为重要，团队组员共同协作、明确分工，基于调研过程发现的问题和矛盾，从不同方面提出基本设计概念及相应设计策略，进而逐步进行深化设计以解决不同层面的空间使用问题。汇报也是城市设计重要组成部分，此过程中与不同学校师生的交流，让我们受益匪浅，这也是城市设计团队合作与多校联合设计带给我们的收获和价值，多样化的设计思想和理念，激发了内在的参与动力和思路源泉，很感谢各校师生的互动交流，此经历必将给我们后续成长带来持续有益的影响。

3.2 北方工业大学

指导老师：王小斌　李海英　卜德清　胡　燕

1 组　　拼贴街区

黎欣怡　王　旭　孙　堃　王雨婷　张子凡　张　硕

2 组　　融合·上新

李　汭　陈羽妮　金一尘　王钰然

1 组

拼贴街区

现如今，经过一次又一次的城市更新改造，该片区的大尺度建筑渐渐侵占了传统小尺度民居，我们所做的是把传统和现代的建筑肌理做一个连接，方法是在可以改造的地方植入小尺度院落、房屋和建筑空间等，从而改变大尺度建筑肌理的密度。

我们将此次设计称为拼贴城市设计，第一种"补丁"节点将植入原片区需要拆除改造的位置中，这些位置分别为经过评估可以拆除的老旧建筑，以及一些废置的空地；第二种"补丁"为节点立面更新改造和功能置换设计，将一些废弃的院落保留肌理并修缮破旧的特色立面。

我们将落实老城区风貌保护和文化传承，有效改善和提高上新街片区居民的生活居住条件，提高地区能级和城市形象，促进城市高质量发展。通过"留、改、拆"多措并举的方式，实施历史建筑保护与老旧小区改造提升同步推进，以此统筹城市功能完善与人居环境改善，上新街片区积极推进城市有机更新。

气候分析

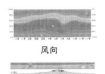

| 风向 | 太阳高程和方位角 | 云量类别 |

| 气候 | 每小时平均气温 | 日降水率 |

交通分析

年龄结构

年龄组成：老龄化严重　　　　人口变化：2000年后缓慢增长

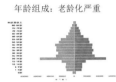

区位分析

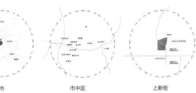

济南市　　　市中区　　　上新街

十五分钟生活圈

15min

现有功能
学习：教育
关怀：医院
享受：休闲　运动
工作：办公
供给：购物
生活：住房
缺少功能
关怀：养老服务
享受：小型绿化

区位分析

济南景点

历史沿革

　　对于城市的更新与改造的第一步，就是对所选地块进行前期的调研。因此我们对于此区域的人口、气候、交通、区位、上位规划历史沿革、文化、景点和十五分钟生活圈等方面进行了调研。这样使得我们对于此场地有了更深刻的了解，同时也使得我们的设计能保留原有的历史文化，同时为人们提供所需的生活条件。

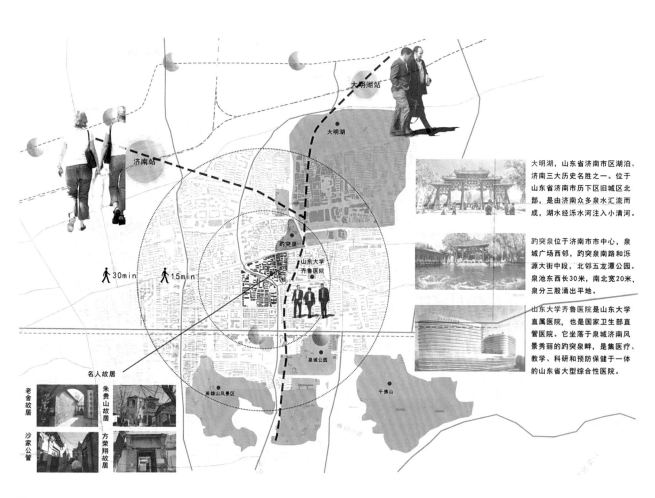

大明湖，山东省济南市区湖泊、济南三大历史名胜之一。位于山东省济南市历下区旧城区北部，是由济南众多泉水汇流而成，湖水经泺水河注入小清河。

趵突泉位于济南市市中心，泉城广场西邻，趵突泉南路和泺源大街中段，北邻五龙潭公园。泉池东西长30米，南北宽20米，泉分三股涌出平地。

山东大学齐鲁医院是山东大学直属医院，也是国家卫生部直管医院。它坐落于泉城济南风景秀丽的趵突泉畔，是集医疗、教学、科研和预防保健于一体的山东省大型综合性医院。

片区现状功能分析

片区风貌

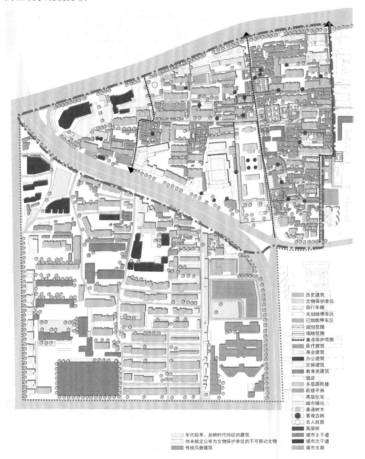

本分析对片区现状按建筑功能、用地功能、五分钟生活圈、场地内人群需求及活动做了详细分析。

片区属于典型的城市中心旧城区，人流量较大，住房需求量大，租房人群较多，历史建筑更带来了不少游客的参观，城市肌理保存较为完整。

建筑群多为住宅楼和平房院落，多层及高层建筑寥寥几栋，主要为办公楼写字楼，南区有大型医院。

片区有成熟的商业业态链，可以满足人群基本生活，但绿化和公共空间缺乏，尤其十五分钟生活圈居住区配套设施较为缺乏。可以考虑拆除部分破旧建筑，重新规划其功能，或对部分建筑进行功能替换。

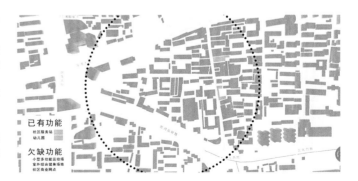

人群分析

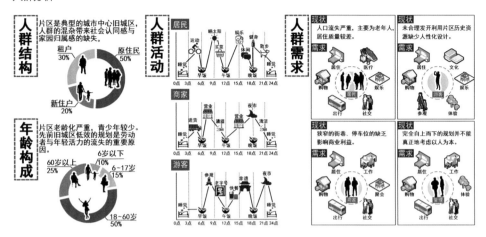

业态分布

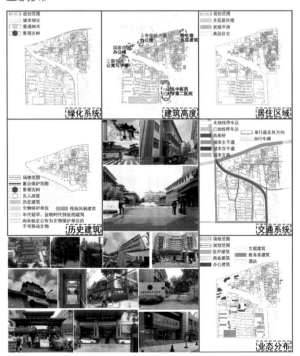

人群活动

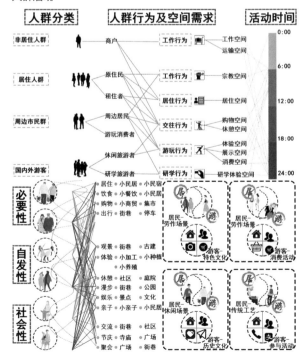

片区元素提取

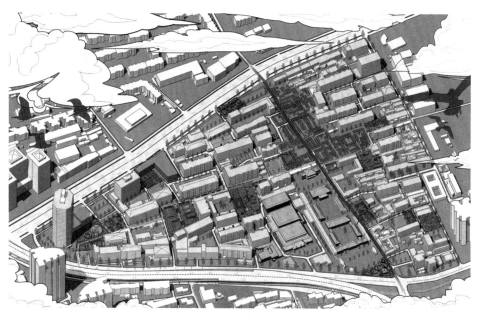

问题分析

1. 公共空间问题
绿化分散，活动空间少且零碎，缺乏系统化设置。
2. 交通停车问题
停车用地分散杂乱，人车混行现象严重。
3. 服务设施问题
便民配套服务设施不完善，未满足各个年龄层的人群生活需求。
4. 区域缺乏吸引力
历史文化建筑较为破败，且分布散乱，无法吸引游客和周边人群的到来。
5. 南北片区缺少联系
高架桥下空间大面积浪费，使南北两片区较为割裂，缺少联系。

特色策略

历史文化街区（上新街）更新改造

泉城历史水系保护、利用

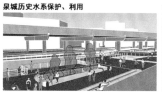

老旧社区改造整治

区位分析

轴线分析

旅游流线分析

居民流线分析

步行道路分析

车行道路分析

绿化系统分析

商业轴线分析

立体停车是指利用空间资源，把车辆进行立体停放，节约土地并最大化利用的新型停车方式。立体停车场最大的优势就在于其能够充分利用城市空间，被称为城市空间的"节能者"。

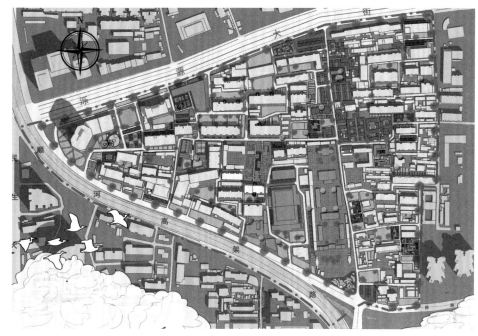

更新后功能分析

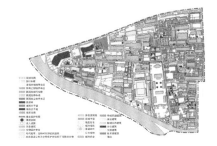

更新后业态分析

更新后交通分析

更新后绿化分析

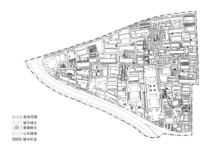

上新街街区节点改造

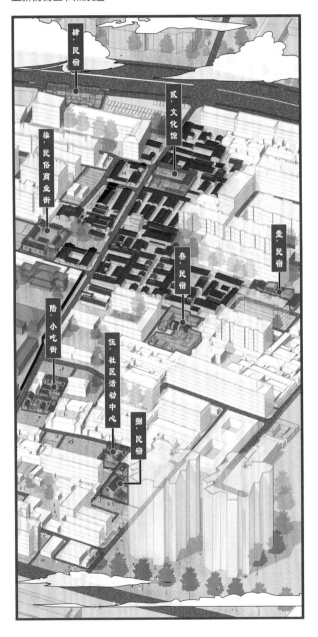

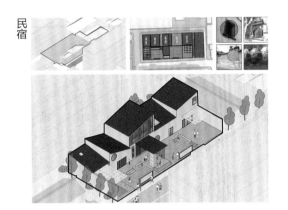

民宿

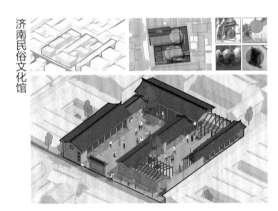

济南民俗文化馆

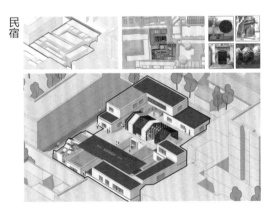

民宿

智能民宿

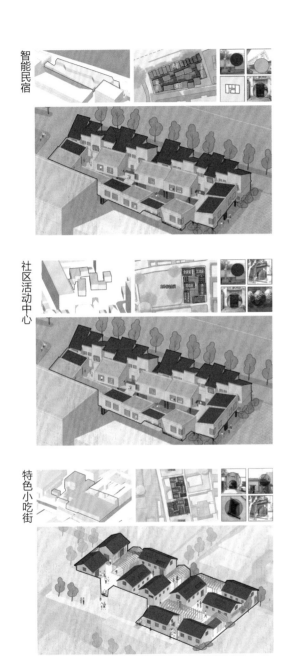

社区活动中心

特色小吃街

民俗商业街

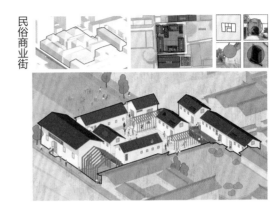

民宿

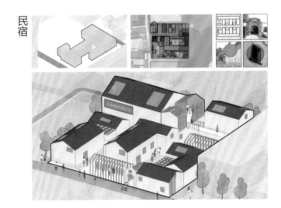

　　节点设计尊重了上新街片区建筑的原有风貌，在原本建筑肌理的基础上更新改造。改造借鉴和使用了从街区中提取的各类元素。大多改造保留了原有的院落形式，将原本的合院形式与新兴建筑结构相结合，并向其注入新的功能，丰富了街巷活力。

　　上新街片区的节点改造还与我们的片区设计策略紧密相连，采用步行友好型街巷，沿街设立休息点，在节点的功能设计上也做了很多考量，我们增加了民俗商业街、济南文化馆、特色小吃街、济南合院型民宿等特色节点。

分区改造策略

居民需求 1

这边的路好窄啊，都没有绿化，什么时候能在门前种点菜呀。

居民需求 2

上下楼太不方便啦，老胳膊老腿要爬不动楼梯了。

通过访谈调研可以看出，居民主要的问题有老旧高层无电梯，步行道路较窄、缺少绿化……

改造节点 1

根据十五分钟生活圈，增加乒乓球场地、咖啡厅、茶室、老年人活动中心、儿童活动中心等功能，增加绿化区域，营造一个老少皆宜的空间。

改造节点 2

又根据十五分钟生活圈，增加生鲜超市、社区诊所、快递站、社区食堂等功能，该活动空间在日常皆为绿地，也可在有集市活动时摆上摊位。

外挂电梯

有了电梯，不怕拿不动东西啦！

有了电梯，咱老伴方便多啦！

加强社区居民共治共享理念，建设社区共同活动室、社区农田，社区内居民可以在闲暇时光共享农田耕种。

改造节点 3

原此处建筑为低矮破旧的平房，将道路左右两部分破旧房屋整合成一部分，沿街种植行道树，增加绿化，打造步行友好街区。

改造节点 4

翻新原本破旧的平房，改造为沿街的商业店铺，也可作为行人的廊道，并增加行道树，增加绿化氛围，步行友好。

共享农田

太好了，家门口可以种菜了，我要种西瓜。

哇！绿荫环绕，好舒服。

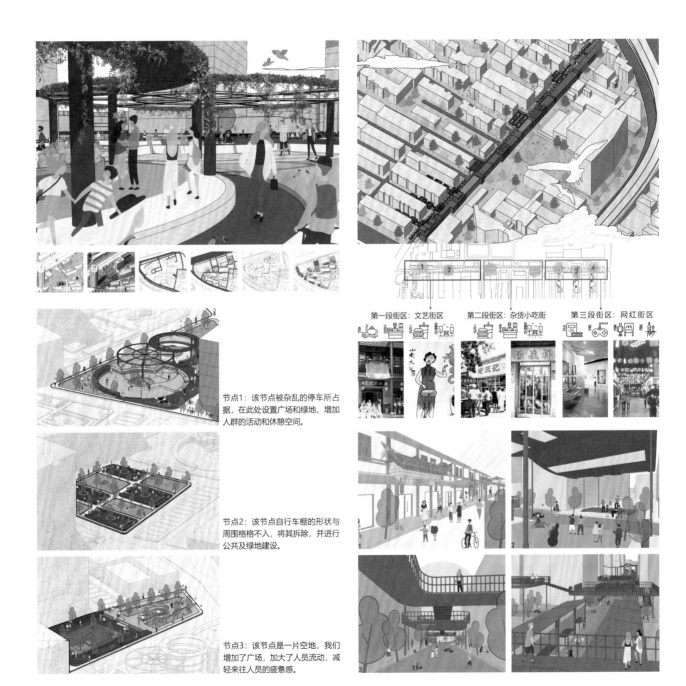

节点1：该节点被杂乱的停车所占据，在此处设置广场和绿地，增加人群的活动和休憩空间。

节点2：该节点自行车棚的形状与周围格格不入，将其拆除，并进行公共及绿地建设。

节点3：该节点是一片空地，我们增加了广场，加大了人员流动，减轻来往人员的疲惫感。

第一段街区：文艺街区　　第二段街区：杂货小吃街　　第三段街区：网红街区

桥下空间

河道设计意向图

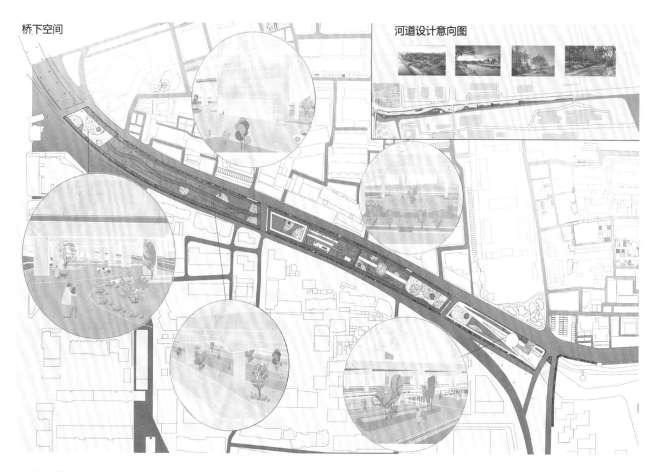

立面更新前

立面更新后

设计心得与体会

黎欣怡 　　　王 旭 　　　孙 堃 　　　王雨婷 　　　张子凡 　　　张 硕

感悟

　　本次四校联合项目是关于济南上新街历史片区的保护与更新。通过本项目，我们第一次接触到了大型的片区设计，从原来的单体建筑设计到如今的城市规划，对比之前来说，对我们也是一个很大的挑战。遗憾的是因为疫情我们并没有进行实地考察，这虽然对我们的前期调研和对设计场地的了解有一定的阻碍，但是济南的老师和同学也向我们提供了非常充足的资料，加深了我们对该片区的理解。在本次项目中，我们也更多地体会到团体协作的重要性。依据成员所长合理分配工作，有问题及时沟通，互帮互助，每个人都在为能得到更好的成果而努力着，在创作出作品的同时也变得更加亲近。在之前的设计中，我们多数是受到本校老师的建议指导，但在这次四校联合设计中，我们可以得到来自不同学校老师的帮助，得到了很多新的建议。我们也看到了其他学校同学的设计思路和成果，很多是我们之前从未体会到的，无一不拓宽了我们的思维和想法。

　　我们都很开心参与到这次四校联合的项目中，我们会铭记这次创作经历，结合之前所学更好地运用到之后的设计中。

2 组

融合·上新

　　济南上新街片区位于济南历史文化名城重点保护区域，西部有著名的济南商业区，为两者间的过渡地带。本改造方案意为将上新街片区打造升级为文化旅游、商业发展、改善居民生活环境的综合区域。

技术路线

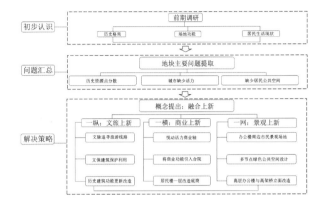

上新主题

文脉追寻轴
文脉上新

悦动商业轴
商业上新

绿色景观网
景观上新

空间结构

一横一纵：纵向以上新街为核心的文旅轴线，横向以徐家花园街为核心的商业轴线。
绿色开放景观网：场地内增加规划绿色景观节点，形成覆盖整个场地的绿色开放空间系统。
多节点：增设新的改造更新节点。

前期分析

区位分析

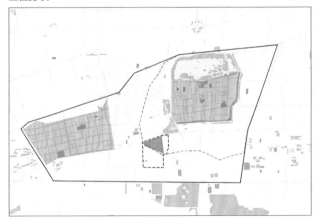

上位规划

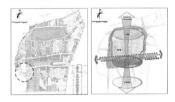

在济南的"中优"战略中，对地块功能进行了控规，以打造特色风貌为目的，以文化旅游、商业商务为先导功能。

功能划分

场地周边功能多为居住用地，大量绿化用地和教育用地从十五分钟生活圈的范围可知，场地及周边商业功能缺乏，易造成居民生活的不便利。

十五分钟生活圈

机动车路线

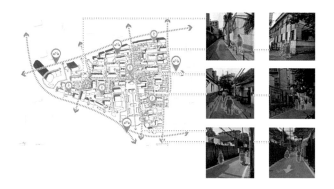

机动车路线：由于场地周边被城市快速路和主干道包围，场地内部穿行的汽车只可单行，电动车为主要行车工具。

非机动车路线

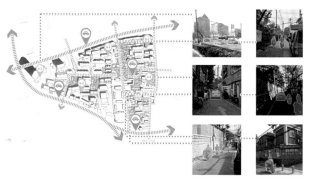

非机动车路线：场地内部有很多体量较小、较为密集的建筑，因此人行和自行车是在这个地块最便利的出行方式，然而场地内部的主要道路都为人车混行的道路，严重影响了人行的便捷性和安全性。

场地节点类型

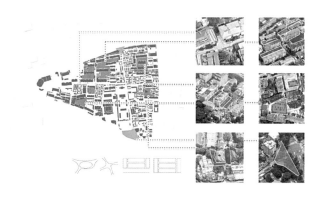

我们对场地的节点类型进行了归纳总结，有围合型、退让型、转折型和扩张型。

建筑高度

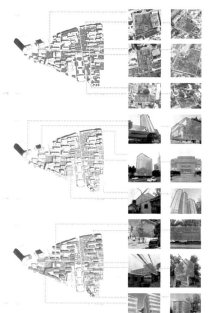

场地大部分建筑为三层以下建筑，多为济南传统合院和历史文保建筑，也有许多私搭乱建现象。

三至六层建筑多为改革开放后建起的住宅楼以及员工宿舍。

六层以上或高度达到20米以上的建筑主要为公共建筑，形成场地的地标。

文保建筑

街道尺度分析

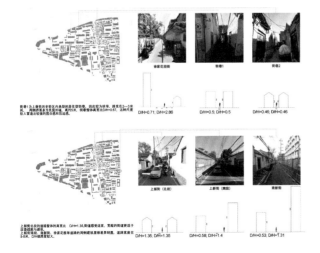

场地公共空间

公共空间在片区也是相对较少的，违建与大量的围墙大大削弱了场地的空间活力。

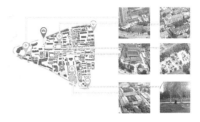

绿地现状

场地内公共停车场地很少，属于公司或企业内部的停车场地较多，沿街停车的现象很多，这也造成街道宽度变窄。

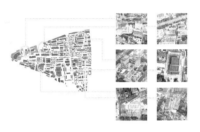

停车空间

场地中古树以及其他以树木为主的点状绿化较多，从调研图片来看，这里有很多垂直绿化的特色绿化形式。

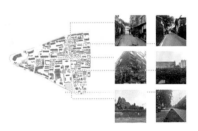

提出问题

问题1：历史资源点分散，缺乏旅游规划
场地具有多处历史文保建筑，分布在上新街两侧，没有良好的游览导向性，大大减少了场地对于外部人员的吸引力。

问题2：场地缺少活力，急需引入新的功能形式
场地功能单一杂乱，多为居民活动，与城市连接少，需要引入新功能来增加人群活力。

问题3：缺少公共空间，人群活动行为单一
场地建筑密集，公共开敞空间缺乏，场地居民只能聚集在自己的一隅空间，人与人的交流活动行为不积极。

最终规划效果图

主要控制轴线——一横一纵一网

主题路线

文旅上新   商业上新   景观上新

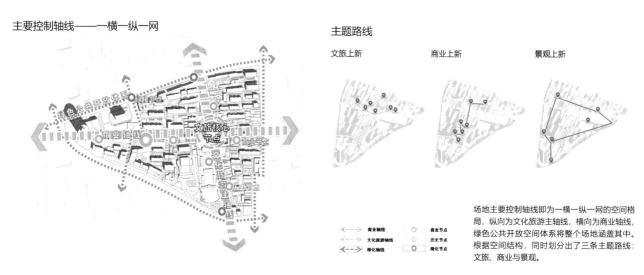

场地主要控制轴线即为一横一纵一网的空间格局，纵向为文化旅游主轴线，横向为商业轴线，绿色公共开放空间体系将整个场地涵盖其中。根据空间结构，同时划分出了三条主题路线：文旅、商业与景观。

总平面图

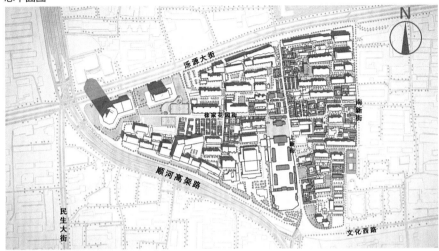

土地利用规划

场地土地利用规划进行了详细划分，方案保留了大部分原有的功能，但在每个地块周边都加入了防护绿地，依照横纵轴进行规划，让上新街片区不只有居住一种功能，而是兼具文化活动、教学医疗、办公和绿地，形成了设施丰富、服务全面的活力片区。

场地绿化现状

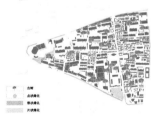

改造前

原本场地绿化，片状带状较少，建筑周边基本没有较大绿色空间。

加强防护绿地的面积，在建筑组团中设置绿色空间，植入一个面积较大的公园，在建筑边也增设绿带，让场地融入绿色环境中。

公共空间现状

改造前

原本场地公共空间较少，缺少活力开放空间，拆除围墙和部分老旧建筑，在场地边缘设置活动广场和公园吸引外来人流，设置公共活动空间作为拥挤街道的缓冲区域和居民活动休闲的区域，场地边缘增设停车场，不让车辆进入场地内部，增加绿色公共空间，延续场地内部丰富的古树等点状绿化，形成休憩场地。

交通系统现状

改造前

拆除违建，打通中断的交通，使步行交通连续无阻。设置上新街为限时车道，上街小学旁边拆除建筑，空出了专供家长临时停车区，形成高峰缓冲地，其余时间上新街片区内部禁止通车。场地贴近外部的区域设置公共停车场，将写字楼、剧院的私人停车场设为供给场地内部居民夜间停车的停车区域，居民在场地边缘停放车辆后可以步行到社区内部，让片区内部能够保持为步行街。

场地绿化规划

改造后

公共空间规划

改造后

交通系统优化

建筑更迭策略

民国以前
民国时期
20 世纪 50 年代
20 世纪 70 年代
21 世纪 10 年代

接下来是根据建筑年代划分的建筑更迭策略，我们将能调研到建造年代的建筑分为五类：民国以前、民国时期、20世纪50年代、20世纪70年代、21世纪10年代，其中对于民国时期前后到50年代的建筑作为主要改造对象，将其中的建筑肌理加以保存，一些有重要功能的建筑也予以保留，比如南侧的民族医院和两个剧院，其余没有标注的建筑多是90年代，我们对于这类建筑的处理是适当拆除或者调整，清除违建以及阻断城市流线的建筑。

规划策略
文旅上新策略

平面路线

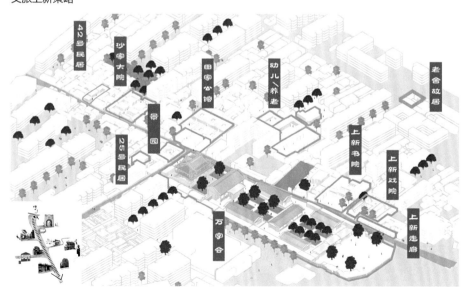

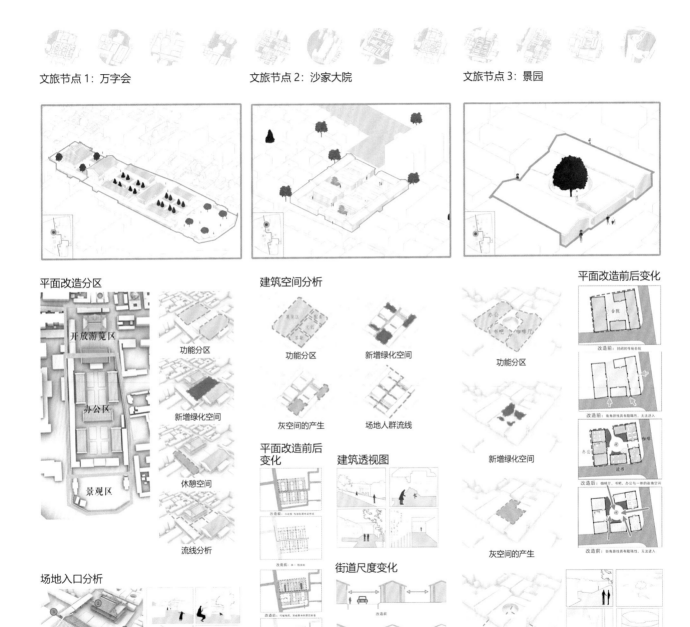

文旅节点 1：万字会　　　文旅节点 2：沙家大院　　　文旅节点 3：景园

平面改造分区

开放游览区

办公区

景观区

功能分区

新增绿化空间

休憩空间

流线分析

场地入口分析

建筑空间分析

功能分区　　　新增绿化空间

灰空间的产生　　　场地人群流线

平面改造前后
变化

建筑透视图

街道尺度变化

功能分区

新增绿化空间

灰空间的产生

场地人群流线

平面改造前后变化

商业上新策略

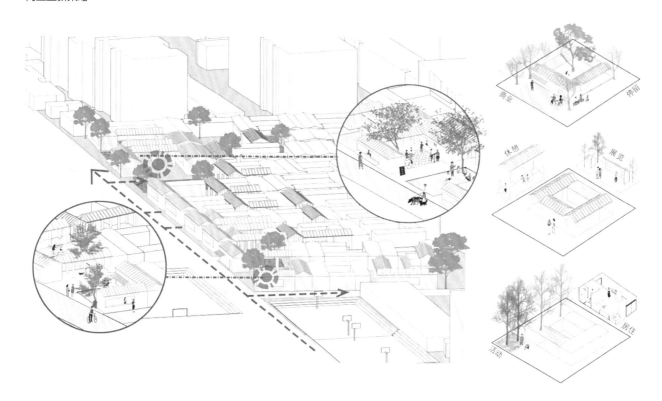

济南传统民居的探究

济南传统民居空间布局形式

改造：新与旧并存

店铺空间策略

商业上新节点

商业街街道尺度

街道透视

街道分布与沿街立面

合院空间的梳理

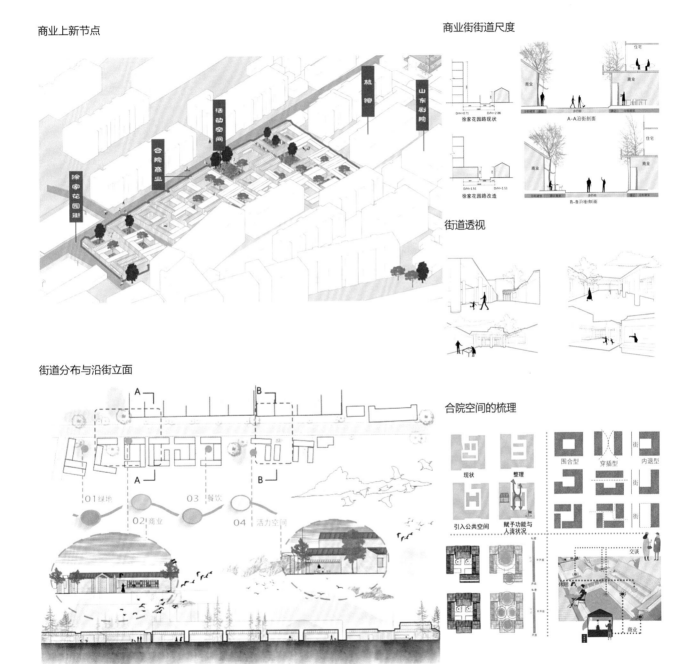

天际线改造

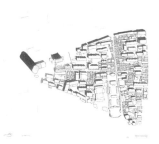

在拆除了两栋居民楼后，场地的商业轴线与历史文化轴线交汇处与场地西侧的国家电网大厦形成对景关系。在整个东西向商业街走动的过程中都可以看到这座高层建筑。国家电网大厦和中国人保大厦也因其高度成为地块标志性建筑，其外观也对地块有很大影响。当前两栋建筑的立面设计较老旧，因此我们希望在适当时机对两栋建筑的立面进行更新。

徐家花园街是主要商业轴线，但在道路西部的尽头有两栋居民楼，影响行人视野，同时有压迫感，两栋居民楼也遮挡了西侧两栋高层建筑部分楼体，使天际线混乱。因此决定对两栋居民楼进行拆除。

改造前动线：东西向商业轴线被两栋居民楼打断，连接场地内外的动线数量不足。

改造后动线：商业轴线向西延长，并增加了连接场地内外的动线，更好地吸引外部人员进入场地内部。

办公楼改造

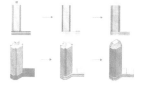
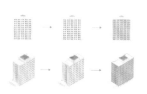

在对立面的改造上，我们先对原有蓝色玻璃进行更换，换成饱和度更低且隔热、隔绝紫外线等物理性能更好的玻璃，然后在原有立面的基础上，提取上新街传统民居的砖石元素并进行变化，增设新的立面，让建筑风格与场地更加适配。
两栋高层建筑的立面用相同方法改造，用成本较低的方法改善原有高层外观，改善地块风貌。

改造前绿化：绿地面积较少，且绿化区域与东西向商业轴线分裂。

改造前广场：改造前此区域没有供人群聚集的场地，办公人群以及片群内居民都没有休闲和运动空间。

改造后绿化：大量增加绿化面积，用绿化连接场地内外。外侧种植树木，隔绝车道产生的噪声和灰尘，净化片区内部环境。

改造后广场：改造后大面积增加了广场面积。可以注意到有两块绿化区域也作为广场使用。增加了两块篮球场和足球场，为社区提供运动环境。

高架桥改造

从古城墙提取垛口和砖墙元素，进行镂空处理，既去除对桥下空间原有采光和通风的影响，也保持了人视野的通畅。
为了减轻新装置对车行道车辆内人员的压迫感，并进一步减少建筑材料的使用，降低成本，我们应用格式塔心理学，将装置分为上下两部分，人们可以想象将上下两部分拼接成整面城墙的景象。
最后仿照城墙轮廓，将下部分装置向内倾斜，减轻对相邻道路压迫感的同时，也可以作为植物的攀爬架。

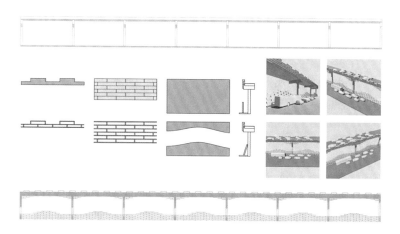

设计心得与体会

李　泂

陈羽妮

金一尘

王钰然

感悟

　　本次四校联合设计中，小组成员对于城市规划设计拥有了更加系统化的认知并加强了对于城市规划设计的思路完整清晰表达的能力。在与其他院校联合交流的过程中，我们也学习到了其他地区院校的同年级建筑学生对于同一问题不同的思考方式和解决策略，让我们受益匪浅。在本组的设计过程中，我们着重于清晰规划思路，加强整体逻辑，抓住对济南老城区这一地块在城市规划方面的主要问题，深刻挖掘理解城市设计的基本内涵，在操作层面上深入我们的设计。

　　在以后的学习和工作中，我们也希望将本次四校联合设计学习到的东西学以致用，从而得到更好的设计成果。

3.3 内蒙古工业大学

指导老师：段建强　李冰峰

1 组　　织融

赵树杰　张铭轩　蒋慧佳

2 组　　环聚万巷 戏说老街

张　琦　刘济楚　韩豪威　曾水生

1 组

织融

　　该设计方案试以"织融"为概念，以"与古为新"为原则，提炼场地精神内核，生成了历史风貌轴、过渡共享轴、创新发展轴三条纵向轴线，又以徐家花园街作为时空更替轴将三个片区串联在一起，形成"织"的结构。

　　通过保护和串联传统街区来吸引游客参与的同时，也为在该片区的创业人群提供未来创新发展的机会，并在完善和维护好本地居民美好生活的基础上，通过构建过渡共享空间，为不同人群提供交流的机会，以此达到"融"的目的。

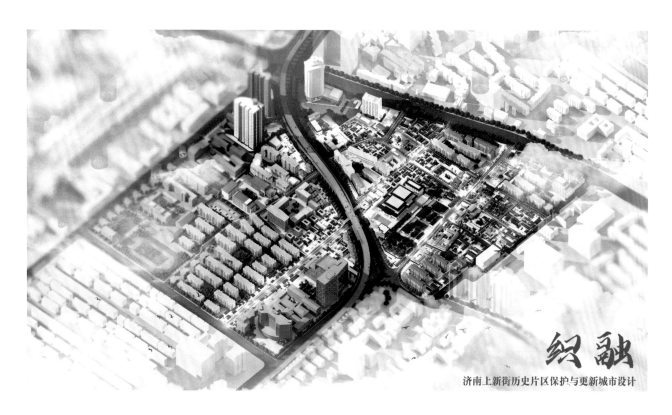

织融

济南上新街历史片区保护与更新城市设计

轴线生成

空间结构

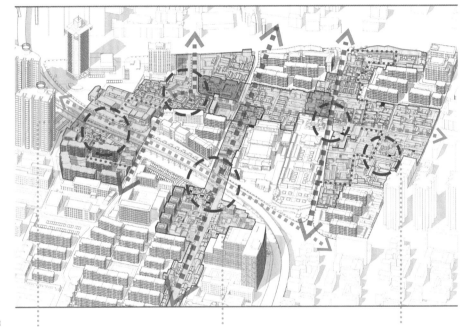

便民服务

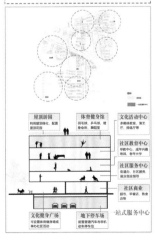

创新发展

置入办公、居住、工坊、展览和销售等功能聚合的建筑组团，为当地创业者和长期居住者提供创意创作空间。通过形成工坊组团再现"家家作坊，户户经商"的景象的同时，也激活了场地，为老区"造血"保证场地未来活力的可持续性。

过渡共享

置入体验参与为主的功能，为不同人群提供交流互动空间。北侧通过修复，复原和新建等方法再现花园空间，丰富外部空间与景观，回应历史中这片场地的精神；南侧将历史肌理融入商业街，织补肌理强化氛围。

历史风貌

置入展览，轻商业和民宿的功能，为游览者提供完整的游玩与体验空间。通过疏解上新街东侧横向道路，并整理出纵向曲折变化的路线，来串联起场地内丰富的历史文化建筑，恢复重要建筑风貌，补齐历史肌理，回应历史传统街巷空间。

概念解构

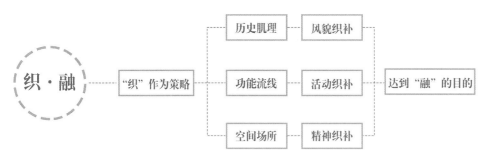

"织融","织"即"织补","融"即"共融",前者为策略,后者为目标。老城区更新主要问题在于处理"新"与"旧"的矛盾,既要尊重旧有的又要为发展而产生新生的,由此提出以"旧"为针、"新"为线的原则,强调"与古为新",这种新旧引领与结合的"关系"作为线索,契合并丰富了织融的概念。

经济技术指标

编号	用地面积（公顷）	占地面积（公顷）	建筑面积（公顷）	建筑密度（%）	容积率	建筑限高（米）	绿化率（%）	停车位（个）
1	2.60	0.73	4.91	27.92	1.89	24	16.76	80
2	2.83	1.08	2.99	38.31	1.06	24	10.51	40
3	4.53	1.56	4.10	34.34	0.90	24	12.34	20
4	2.98	1.20	3.18	40.47	1.07	24	9.28	59
5	2.75	1.01	1.99	36.76	0.72	24	11.51	85
6	2.66	0.70	10.11	26.15	3.80	54	14.02	36
7	2.02	1.24	3.67	61.48	1.82	54	10.94	30
8	1.99	0.73	2.87	36.74	1.44	54	16.12	51
9	5.11	0.99	4.29	19.31	0.84	54	21.94	86
10	3.57	1.52	7.25	42.56	2.03	54	10.27	35
11	4.05	1.69	10.97	41.58	2.71	54	14.02	80

街道体验意向

历史风貌控制

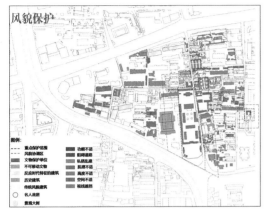

建筑拆改与区域划分

拆除建筑

更新建筑

内部分区

外部分区

用地性质

过渡共享区

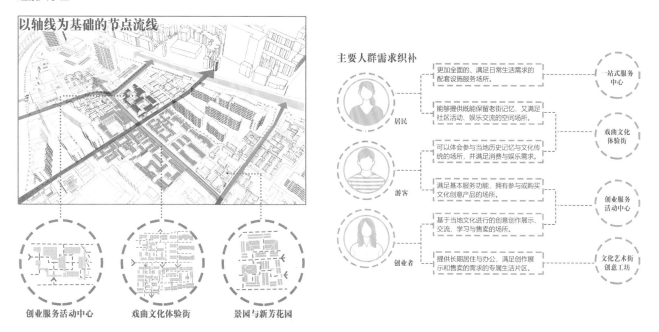

以轴线为基础的节点流线

创业服务活动中心　　戏曲文化体验街　　景园与新芳花园

主要人群需求织补

居民　更加全面的、满足日常生活需求的配套设施服务场所。　→　一站式服务中心

能够提供既能保留老街记忆，又满足社区活动、娱乐交流的空间场所。　→　戏曲文化体验街

游客　可以体会参与当地历史记忆与文化传统的场所，并满足消费与娱乐需求。

满足基本服务功能，拥有参与或购买文化创意产品的场所。　→　创业服务活动中心

创业者　基于当地文化进行的创意创作展示、交流、学习与售卖的场所。

提供长期居住与办公，满足创作展示和售卖的需求的专属生活片区。　→　文化艺术街创意工坊

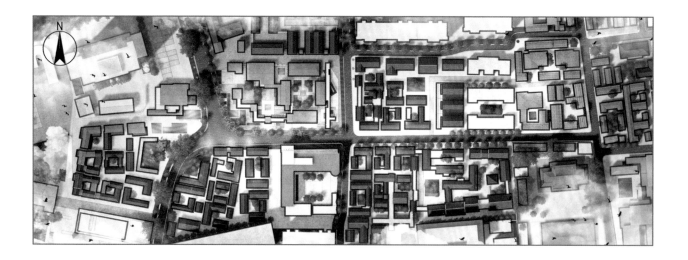

建筑节点分析

创业服务活动中心

创业服务活动中心作为衔接两片区域的节点,不仅提供了公共的过渡共享空间,而且与旧有的历史花园相呼应,形成景观节点,在街边形成了可以休憩的空间。

戏曲文化体验街(北)

戏曲文化体验街北侧主要以文创商业和服务办公为主,建筑形体主要围绕中央保留的传统风貌建筑做了合院式的肌理织补,但又不乏公共尺度的商业街巷。

戏曲文化体验街(南)

戏曲文化体验街南侧主要以戏剧展演和室外游览活动为主,建筑形体主要保留了原有建筑,并沿街向南侧和东侧延续了建筑肌理,增强了游览性与公共性。

创新发展区

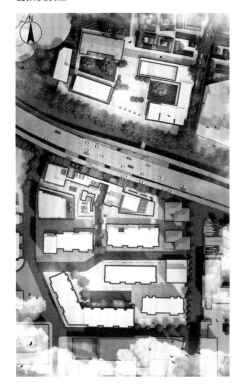

创新发展区(北)

拆除部分建筑使保护建筑展示出来，开场的广场成为了吸引人流进入场地的主要出入口，为尊重保护建筑、衔接新建筑，建筑形体在由南到北逐渐变小。

文化艺术街创意工坊

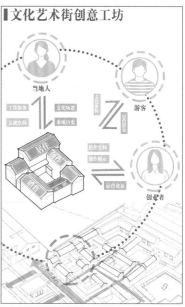

以合院式的组团将不同功能组织在一起，成为民间技艺、文创产品、居住相聚集的街区，办公与居住相融合，呼应了"家家作坊，户户商业"的老街记忆。

建筑节点分析

创新发展区(南)

拆除紧邻立交桥的居民楼，通过较低的体块围合来舒缓沿街界面，形成廊亭、休息平台等公共节点，同时与桥下平台结合，高度的变化丰富了漫步体验。

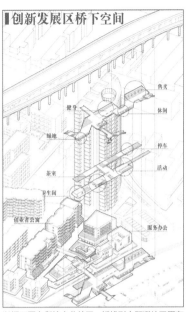

创新发展区桥下空间

以桥下平台衔接南北片区，折线形态既避让了原有桥墩，也丰富了步行体验，并在平台上下设置了休息区、茶室、卫生间和停车等场所来激活桥下空间。

调研分析

区位分析

项目位于山东省济南市历下区与市中区交界处的上新街片区。片区内具有丰富的历史文化建筑，包含低多层居住、高层商业商务、历史文化等多重业态，呈现出"西高东低、功能多样、新旧并置、肌理混杂致密"的空间特点。南侧以多层居住社区和医疗服务建筑为主。地块中部被顺河快速路穿越和分割。总体交通便利，通过邻近主次干道可快速到达东侧老城区、西向商埠区以及市中心各个重要文旅景点，但由于邻近齐鲁医院等重要医疗服务设施及趵突泉、泉城广场等热门旅游景点，交通流量大。

研究框架

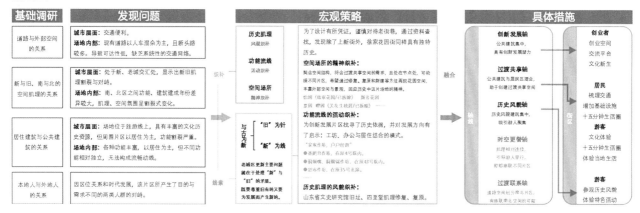

场地概况

地块位置优越、交通便利，通过临近主、次干道可快速到达东侧老城区、西向商埠区及市中心各个重要文旅景点，但由于临近重要医疗服务设施及热门旅游景点，交通流量大。

从城市尺度上看，在商埠区与老城区间，处于老城新城交汇处，显示出新旧肌理割裂与对峙。

南侧紧邻趵突泉公园，周围环绕泉城广场等城市核心功能区；内部保留大量古建筑和名人故居，具备丰富的历史和文化价值。

场地内功能丰富，以居住为主，但肌理割裂。

街道分析

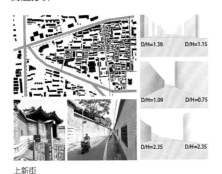

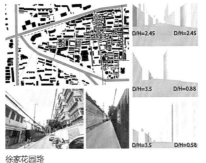

上新街　　　　　　　　　　　徐家花园路　　　　　　　　　　　南新街

场地内以多层建筑为主，单层建筑集中分布，高层建筑较少但散落孤立，与周围建筑不和谐。

上位规划

济南提出"东强、西兴、南美、北起、中优"的城市发展新格局。围绕塑造城市特色风貌，强化对于空间立体性、平面协调性风貌整体性、文脉延续性的管控，持续推进古城历史文化街区、传统街巷和重要节点整治提升，展现泉城古韵风华。

以经十路为主线打造东西城市时代发展轴，形成两条景观主轴、两条景观副轴和六个风貌分区。

场地在济南市总体规划中处于中心区，北邻时代发展轴，商业氛围良好；南北被景观轴线贯穿，有良好景观和人文资源，地理位置优越。

场地的北部为二级风貌区，南部为三级风貌区，对建筑高度与色彩有一定限制。

人群分析

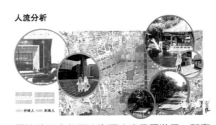

周边片区文化历史资源丰富且开发早，配套设施完善，是城市核心游览区，有更强的吸引力，与其他片区主要功能定位不同。但由于变化没有过渡，造成人流的断裂，这一现象在游客群体中尤其突出。

场地内存在由西至东及由北向南存在两种关系，即：新与旧、时间与空间的东西向过渡；主与客、公与私的南北向过渡。

基础公共设施评价

公共空间

公共设施不完善，多为地面泊及。

公共卫生设施管理不当。

公建内部空间　小区内部空间　城市活动空间　停车场细碎分散。

现有外部空间大多在公共建筑院落内部，较封闭，小区内活动空间小而散乱，缺少城市层面公共空间。

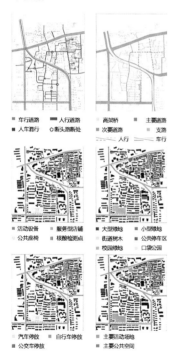

车行道路　人行道路　高架桥　主要道路
人车混行　断头路断处　次要道路　支路
人行　车行

活动设备　服务型店铺　大型绿地　小型绿地
公共座椅　核酸检测点　街道树木　公共停车
校园绿地　口袋公园

汽车停放　自行车停放　主要活动场地
公交车停放　主要公共空间

基地公共设施和公共活动空间较为缺乏，绿地维护情况较差；车辆存在乱停乱放现象，交通情况较差，存在安全隐患。

重要节点

1·山东省民政厅　2·济南市的奥泉小学
3·老舍纪念馆　4·上新街小学
5·山东剧院　6·万字会旧址
7·山东歌舞剧院　8·济南市民族医院
9·山东济南供电公司
10·中国人寿保险公司
11·三箭苑（居民区）
12·山东省文化馆
13·中共济南市市中区委党校
14·山东省科学技术协会
15·山东省济南中学
16·山东中医药大学第二附属医院

历史沿革

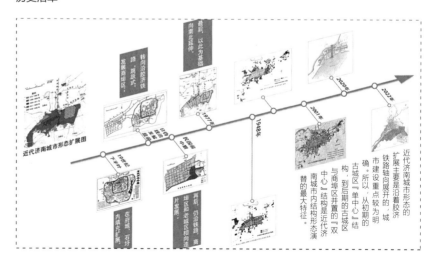

改造街区总平面图

项目	数值	单位
用地面积	35.09	公顷
占地面积	12.45	公顷
建筑面积	56.33	公顷
建筑密度	35.48	%
容积率	1.61	—
绿化率	18.26	%
停车位	610	个

分区改造策略

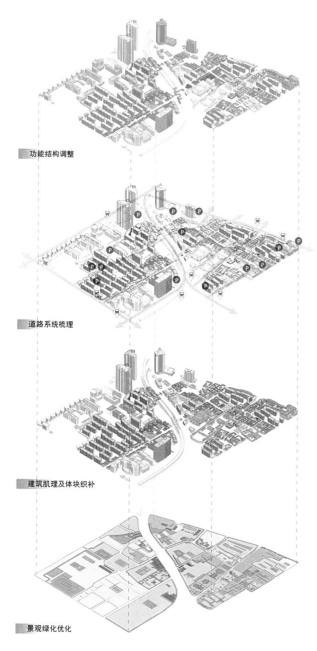

● 整理划分不同功能分区；
● 完善丰富分区内部功能，形成完整流线。

综合办公区	居住社区区
医疗服务区	创新发展区
教育科研区	文化演艺区
活跃商业区	文化展览区

功能结构调整

● 计算停车需求，增加公共集中停车场；
● 重新规划场地内道路，人车分流；
● 梳理区域周围公共交通。

公交站点
停车场/库

道路系统梳理

● 整理建筑高度，恢复历史风貌与城市天际线；
● 优化沿街建筑体量，优化人群体验感；
● 利用桥下空间，衔接南北片区。

建筑肌理及体块织补

● 增加上新街片区的绿化，织补原本点状绿地，形成连续景观系统；
● 引用水景观呼应泉文化；加入竹元素回应片区北侧万竹园；
● 利用花园节点恢复花园街空间感受。

景观绿化优化

历史风貌区设计

街区设计策略

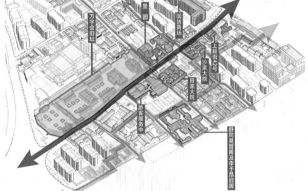

■ **游览流线：**上新街历史风貌建筑集中，吸引游人聚集。因此发挥
场地特色，保护、修复旧有历史建筑，形成完整的旅游步行街。

□ **感受流线：**大量的游客产生一定的居住需求，因此设置一些住宿
功能。功能利用上新街东侧的道路联系，处于居民区较集中的区
域，提供感受当地生活的机会。

街区总平面

街区立面

建筑节点设计

游客服务中心

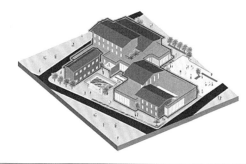

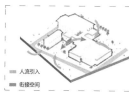

- 人流引入
- 街接空间

场地位于上新街与花园路相交十字路口东南侧。该十字路口周围均有历史保护建筑，场地较为拥堵，因此将原有学校迁移至南侧场地，与原有中学、幼儿园形成学区；新建游客中心，退让出大片广场缓解交通。

- 展示范围
- 观景平台

场地内包含有一栋历史建筑，因此在其周围设置广场，以便于展现历史风貌；考虑到游客有一定停留休息需求，在建筑上设置大量观景平台。
此外，考虑到场地东侧为万字会，因此将建筑高度控制到三层之内。

舒同、晁哲甫及李子昂故居

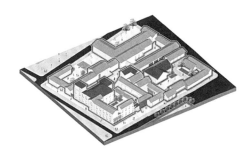

- 人流引入
- 街接空间

原有故居周围存在大量的居民建筑、工地，未能按照风貌控制要求建设，拆除整理。另外，上新街区内有个别故居保存情况较差，拟计划在此处进行复原。
将原有环境整合，形成一个参观景点，更具旅游竞争力。

- 开放廊道

改造原有部分非保护建筑，利用室外连廊的形式，在保留原有肌理的基础上串联四个院落，使游览流线更通畅、自由。
连廊仿照景园牌匾的形式，并加入现代元素；部分景观植物采用竹，与上新街北侧万竹园产生联系。

上新街·景园

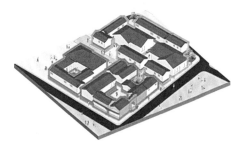

- 主要入口
- 次要入口

场地内原有的两个建筑组团分别被围墙严密围绕，风貌严重受损。拆除近年新建设的围墙，将原本较为隔绝的两个功能组团进行串联，恢复原本的街巷空间。

复原景园旧风貌：
在梳理过后的建筑肌理基础上，分析东西向与南北向人流，叠合两个方向的人流。在人流交叠处设置景观性节点，形成停留空间。

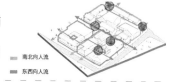

- 南北向人流
- 东西向人流

上新街节点分析

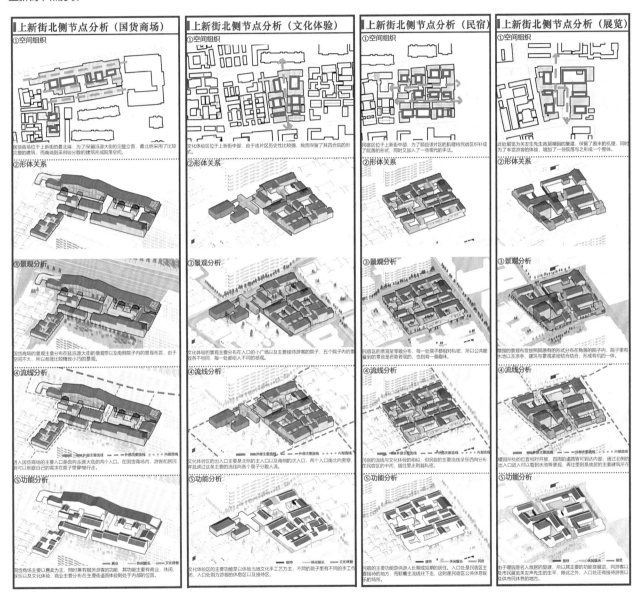

上新街北侧节点分析（国货商场）	上新街北侧节点分析（文化体验）	上新街北侧节点分析（民宿）	上新街北侧节点分析（展览）
①空间组织	①空间组织	①空间组织	①空间组织
国货商场位于上新街的最北端。为了保留泝源大街的完整立面，最北侧采用了比较完整的建筑，而南端则采用较分散的建筑形成院落空间。	文化体验区位于上新街中部，由于该片区历史性比较强，故而保留其四合院的形式。	民宿区位于上新街中部，为了顺应该片区的肌理将民宿区织补成了院落的形式，同时又加入了一些现代的手法。	此处展览为关友生先生故居镗园的复建，保留了原来的肌理，同时为了丰富游客的体验，增加了一些院落与之形成一个整体。
②形体关系	②形体关系	②形体关系	②形体关系
③景观分析	③景观分析	③景观分析	③景观分析
国货商场的景观主要分布在延泝源大街的景观带以及南侧院子内的景观布置。由于空间不大，所以都是比较精致小的景观。	文化体验的景观主要分布在入口的小广场内以及主要接待游客的院子，五个院子内的景观各不相同，每一处都给人一种不同的感观。	民宿区的景观呈较散的分布，每一处院子都相对私密，所以公共能看到的景观是若隐若现的，也别有一番韵味。	镗园的景观布置按照其原有的形式分布在角落的院子，院子里有水也以及涉水、建筑与景观紧密结合在一起，形成有机的一体。
④流线分析	④流线分析	④流线分析	④流线分析
进入国货商场的主要入口是南向泝源大街的两个入口。在国货商场内，游客和居民则可以根据自己的需求在院子里穿行往往。	文化体验的出入口主要是北侧的主入口以及南侧的次入口，两个入口南北向穿开且通过这条主要的流线向各个院子分散人流。	民宿的流线与文化体验的相似，但民宿的主要流线呈东西向分布在民宿区的中间，越往里则越私密。	镗园所处的位置相对开放，四周的道路皆可到达内部，通过北侧的出入口进入可以看到水池等景观，再往里则是开放的主要建筑所在。
⑤功能分析	⑤功能分析	⑤功能分析	⑤功能分析
国货商场主要功能以售卖为主，同时兼有服务游客的功能，其功能主要有商业、休闲娱乐以及文化体验，商业主要分布在主要街道而休闲体验则处于内部的位置。	文化体验的主要功能景以体验当地文化手工艺为主，不同的院子里有不同的手工作坊，入口处为游客的休息区以及接待区。	民宿的主要功能是供游人长期或短期租住的居住，入口处是居民区主要接待的地方，而靠着主流线往下走，这则是民宿区公共休息的场所。	由于镗园是名人故居的复建，所以其主要的功能便是展览，向游客以及市民展览关友生先生的生平，除此之外，入口处还有提供游客以供市民休息的地方。

上新街节点效果图

上新街鸟瞰图

设计说明

　　民族商业街位于本次社区最重要的轴线之上，它在设计中很好地诠释了居民游客之间的关系。这条街在服务两者的同时，又使两者相互融合交流。

　　民族商业街原本是济南当地的一个生活性市场，周围许多的居民在此购买食物以及日用品，街道整体的活跃度较高，但是由于街道比较老旧，设施不齐全，只有周围的居民会去那里，已经开始出现局部的萧条。

　　由此我们将游客引入其中，并添加一些旅游性的商业，使得整个街道更加活跃，从而激活民族商业街，使其焕发新生。除了民族商业街的设计外，其北部还与北侧地块进行联系，从而联系北侧的历史街区，使得游客与居民两类人群更好地交流。

　　对此我们采取的策略是在北侧引入较大的公共活动空间，而在南侧引入较碎的建筑体量，形成一些院落，由此一来，在空间形式上，两侧的地块就有了一定的呼应，从而促使两股人流进行融合和交流。两侧的地块在这种织补的过程中，引入了对方的一些建筑形式和空间，弥补了原有空间的不足。

民族商业街立面

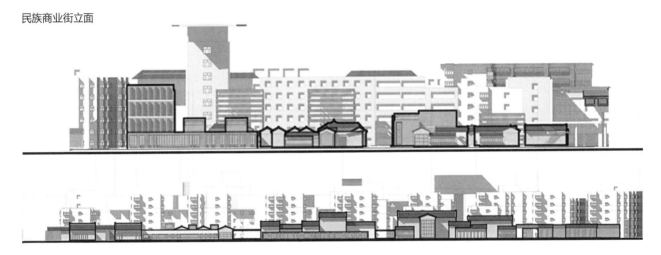

民族商业街鸟瞰图

民族商业街分析

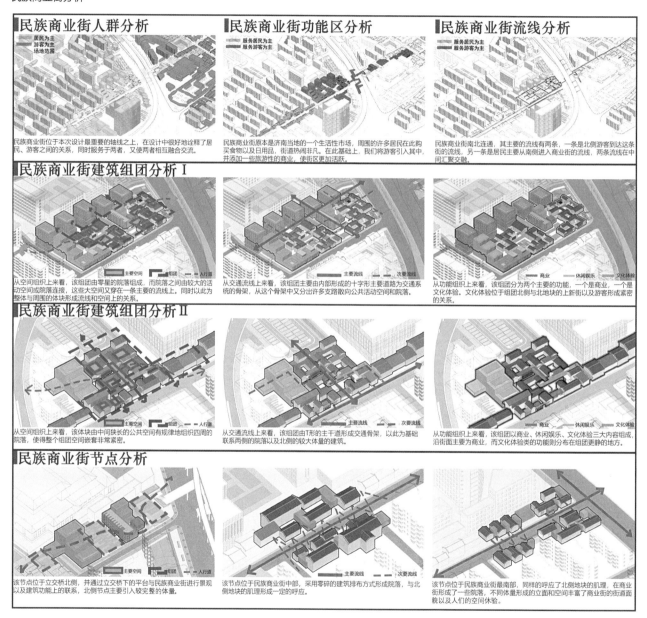

民族商业街人群分析

居民为主
游客为主
场地范围

民族商业街位于本次设计最重要的轴线之上，在设计中很好地诠释了居民、游客之间的关系，同时服务于两者，又使两者相互融合交流。

民族商业街功能区分析

服务居民为主
服务游客为主

民族商业街原本是济南当地的一个生活性市场，周围的许多居民在此购买食物以及日用品，街道热闹非凡。在此基础上，我们将游客引入其中，并添加一些旅游性的商业，使街区更加活跃。

民族商业街流线分析

服务居民为主
服务游客为主

民族商业街南北连通，其主要的流线有两条，一条是北侧游客到达这条街的流线，另一条是居民主要从南侧进入商业街的流线，两条流线在中间汇聚交融。

民族商业街建筑组团分析 I

主要空间　组团　人行道

从空间组织上来看，该组团由零星的院落组成，而院落之间由较大的活动空间或院落连接，这些大空间又穿在一条主要的流线上。同时以此为整体与周围的体块形成流线与空间上的关系。

主要流线　次要流线

从交通流线上来看，该组团主要由内部形成的十字形主要道路为交通系统的骨架，从这个骨架中又分出许多支路散向公共活动空间和院落。

商业　休闲娱乐　文化体验

从功能组织上来看，该组团分为两个主要的功能，一个是商业，一个是文化体验。文化体验位于组团北侧与北地块的上新街以及游客形成紧密的关系。

民族商业街建筑组团分析 II

主要空间　人行道

从空间组织上来看，该体块由中间狭长的公共空间有规律地组织四周的院落，使得整个组团空间嵌套非常紧凑。

主要流线　次要流线

从交通流线上来看，该组团由T形的主干道形成交通骨架，以此为基础联系两侧的院落以及北侧的较大体量的建筑。

商业　休闲娱乐　文化体验

从功能组织上来看，该组团以商业、休闲娱乐、文化体验三大内容组成，沿街面主要为商业，而文化体验类的功能则分布在组团更静的地方。

民族商业街节点分析

主要空间　组团　人行道

该节点位于立交桥北侧，并通过立交桥下的平台与民族商业街进行景观以及建筑功能上的联系，北侧节点主要引入较完整的体量。

主要流线　次要流线

该节点位于民族商业街中部，采用零碎的建筑排布方式形成院落，与北侧地块的肌理形成一定的呼应。

该节点位于民族商业街最南部，同样地呼应了北侧地块的肌理，在商业街形成了一些院落，不同体量形成的立面和空间丰富了商业街的街道面貌以及人们的空间休验。

设计心得与体会

赵树杰　　　　张铭轩　　　　蒋慧佳

感悟

　　通过本次四校联合设计，我们更加深刻地了解了城市规划设计的原理以及基本原则。本次城市设计融合了历史街区以及老旧街区的城市更新，具有深刻的意义。

　　调研过程中，各校的老师为我们讲解了很多，因此我们也对济南这座城市以及设计的片区有了更加深刻的了解和情感。中期以及成果的评图交流，也让我们学到了很多，与各校同学之间互相取长补短。同时在合作中我们小组成员之间也学到了制定计划和分工合作的一些方法。这次四校联合设计非常不易，虽然困难重重，但我们非常认真地完成了本次设计，也在设计中学到了很多，希望在今后的生活中，本次四校联合的经验和所学的知识能够帮助我们走得更远。

2 组

环聚万巷 戏说老街

　　基地所包含的上新街片区位于趵突泉公园南侧，紧邻泉城广场，地理位置优越，片区内保留着济南万字会、老舍故居等著名古建筑和名人故居，具备极高的历史和文物价值，是济南中心城区的绝佳地块。而片区内现存建筑以中华人民共和国成立前后修建的平房为主，简陋陈旧，生活配套设施严重欠缺，存在较大安全隐患。

　　为了保留居民的历史记忆和改善基地内部存在的大量问题，设计概念以两个核心圈为主，核心圈包括吸引点和释放点，通过场地的节点吸引游客，增加场地活力、释放服务功能，满足居民日常生活需求，我们的操作手法是插入五感节点，建筑五感主要包括视觉、听觉、嗅觉、味觉、触觉，我们的设计策略则是通过节点激活片区，用小节点串联片区、大节点链接片区来激活场地。

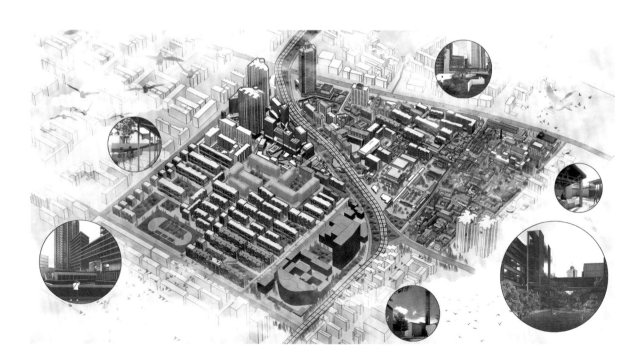

建筑肌理年代变化

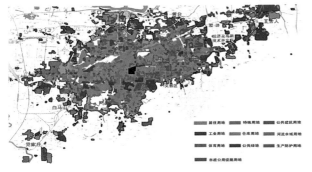

区位分析

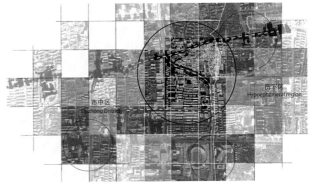

周边街道建筑立面分析

济南历史规划用地上位规划

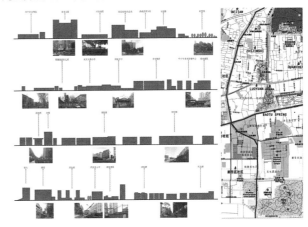

　　济南——山东省的省会，位于山东省中西部，济南因境内泉水众多，被称为"泉城"，素有"四面荷花三面柳，一城山色半城湖"的美誉，是国家历史文化名城、首批中国优秀旅游城市、史前文化龙山文化的发祥地之一。

　　从不同时期的济南肌理发现，基地的主要建筑没有发生太大的变化，但随着居民人口增多，他们开始自发性地在房子周边建立小型裙房，以满足他们日常生活的需要。基地位于济南市城市总体规划中心城内，是省级城市更新试点片区，从城市整体规划来看位于泉城特色风貌轴与城市时代发展轴交汇处，不仅有历史建筑和特色景区还有城市发展中形成的商业圈，地理位置优越。

剖面图

现状分析 —— 对基地的认知

文化分析 —— 传统技艺

基地外部重要节点 —— 城市节点核心作用

基地内部辐射性节点 —— 丰富片区业态作用

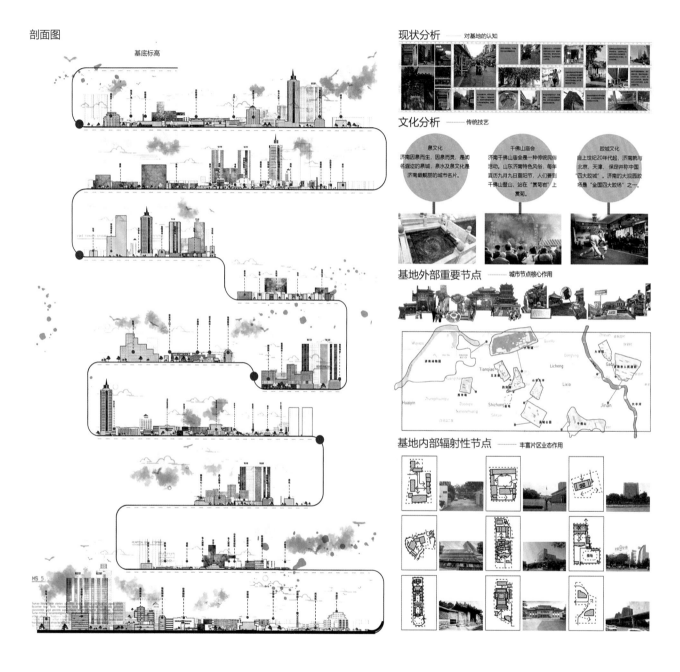

吸引释放概念分析

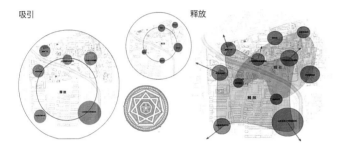

建筑系统设计

1. 建筑"留、改、拆"包含保留历史建筑、传统民居，并对其进行修补；对于建筑部分进行加建、拆除、整合；拆除违建建筑和裙房等不符合肌理的建筑；在符合基地肌理发展趋势的同时新增建筑，补充肌理、增加商业、完善基地业态。

2. 道路系统主要降低上新街与徐家花园街的道路层级，增加游客和居民可穿行的幅度，在历史街区增加一条完整的穿行道路，同时延伸徐家花园街的横向街道到服务区广场。

3. 景观布置保留原来的景观，同时在空地空间布置绿地广场，在道路两侧布置条形景观带。

吸引释放节点分析

漫行小路（历史片区）——道路边界

历史片区——传播济南文化、新建文化馆、博物馆、展览馆

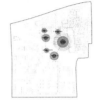

山东剧院（文艺片区）——艺术节点 +合院 + 剧院

中医院和周边住宅——适老化模范社区

大型公共空间——形成广场、室外活动片区

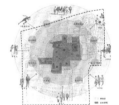

新建活动中心——服务城市青少年和老年人

美食街道（居住片区）——规范业态、服务生活

电力大楼 + 服务设施——规划服务片区、服务城市

渗透分析   五感节点

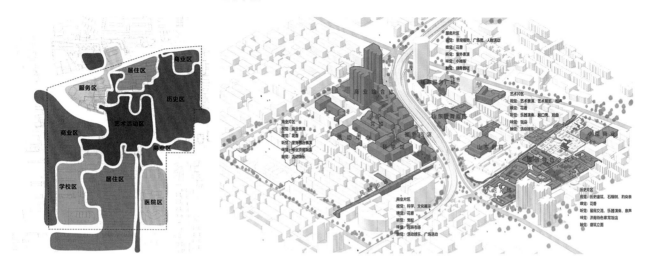

基地五感要素体现

　　视觉是从济南市的记忆场景
中寻找一些元素来重建建筑记忆
空间。

　　听觉记录了济南一些独特的
声音，并将其转化为视觉空间
形式。

　　嗅觉指人们对城市最强烈的
记忆，就是对空间气味的记忆。

　　味觉是一个可以为人们提供
食物、展览和纪念品的门户空间。

　　触觉通过触摸物体，我们可
以识别物体和场景，直接触发人
们对过去的记忆。

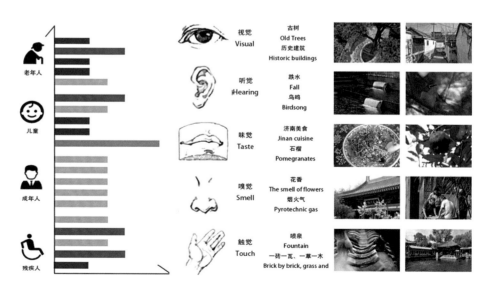

片区间联系分析图

建筑功能划分与吸引释放的作用

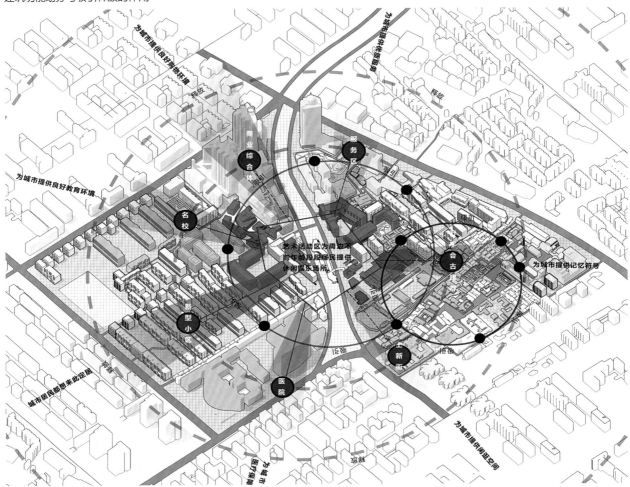

片区视线分析

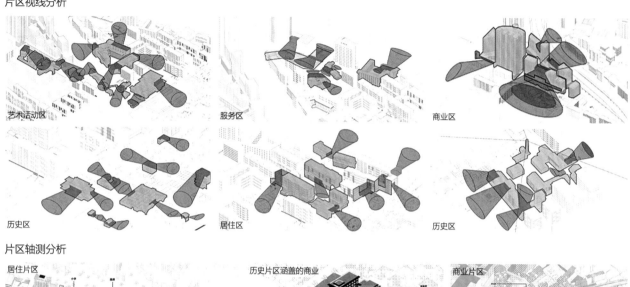

艺术活动区　　　　　服务区　　　　　商业区

历史区　　　　　居住区　　　　　历史区

片区轴测分析

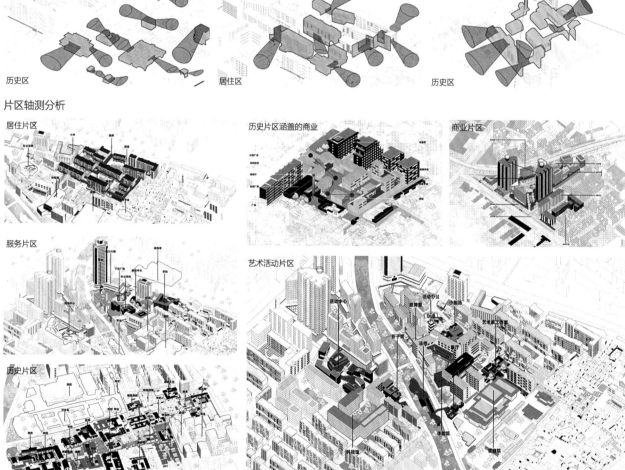

居住片区　　　　　历史片区涵盖的商业　　　　　商业片区

服务片区

艺术活动片区

历史片区

用地指标

图例	地块控制指标		
道路红线	地块编号\指标\用地性质	商住用地	文化商业用地	商业办公用地
建筑退线	用地面积	33804㎡	74312㎡	13122㎡
绿化控制线	容积率	3.90	2.12	1.45
保护范围控制界线	建筑密度	46%	38%	47%
人行道路	建筑限高	54m	24m	24m
建筑开放空间				
建议车行入口	绿化率	20.0%	26.0%	30.0%

图例	地块控制指标		
道路红线	地块编号\指标\用地性质	服务用地	居住用地	艺术文化用地
建筑退线	用地面积	34494㎡	24296㎡	61519㎡
绿化控制线	容积率	2.55	2.48	1.66
保护范围控制界线	建筑密度	26.4%	37%	42.6%
人行道路	建筑限高	57m	24m	
建筑开放空间				
建议车行入口	绿化率	21.5%	16.3%	19.0%

五感节点分布

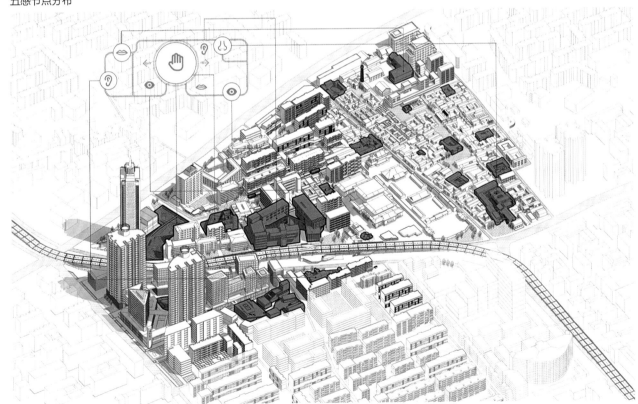

历史片区设计策略

历史片区采用的是组团策略，选择历史建筑为核心，与周边合院建筑进行组团形成五感主题院落，并设计道路穿过组团，形成游览路线。因为该片区小学的使用人群和场地的使用人群相冲突，所以将小学迁移至服务片区。不同的历史建筑形成不同的主题，不同主题的组团内附带不同的商业活动。同时游览路线维持道路边界，在增强引导性的同时加强怀旧感。

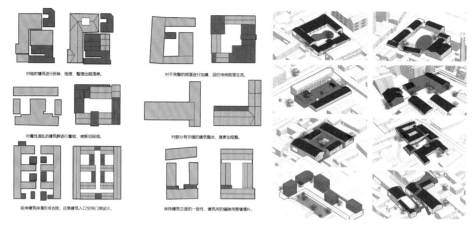

对临时建筑进行拆除、梳理、整理院落感。

对不完整的院落进行加建、回归传统院落生活。

对属性混乱的建筑群进行重组，使新旧延续。

对部分有交错的建筑整合，是更加规整。

延伸建筑体量形成合院，还原建筑入口空间门厢设计。

保持建筑立面的一致性，建筑间的缝隙用围墙填补。

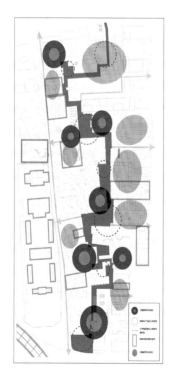

由于场地历史建筑年代久远甚至有一些为国家级保护建筑，因此我们采用留、改、拆的方式进行设计，留的部分占比较高。这样不仅能留存一些特色建筑形式，同时还能唤起居民生活的记忆。

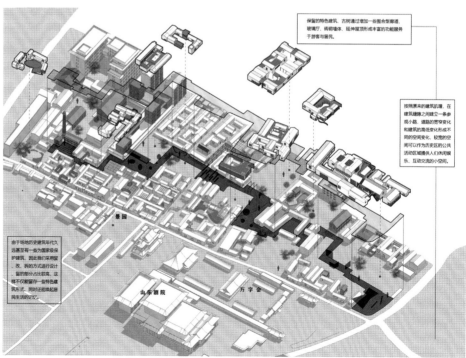

景园

山东饭院

万字会

保留的特色建筑、古树通过增加一些围合型廊道、玻璃厅、砖砌墙体、延伸屋顶形成丰富的功能服务于游客与居民。

按照原来的建筑肌理，在建筑建隙之间建立一条参观小路，道路的宽窄变化和建筑的高低变化形成不同的空间变化，较宽的空间可以作为历史区的公共活动区域提供人们休闲娱乐、互动交流的小空间。

历史建筑及古树分布

街道一致性表现

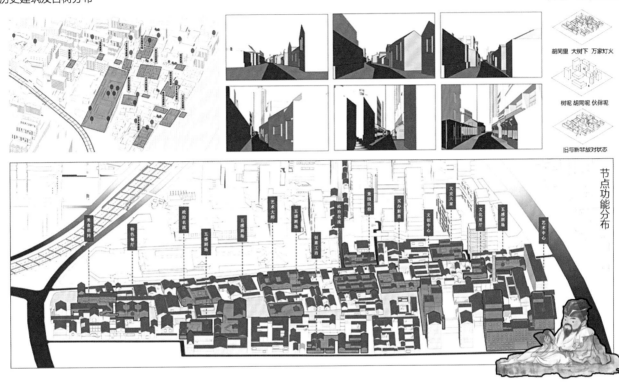

胡同里 大树下 万家灯火

树呢 胡同呢 伙伴呢

旧与新非放对状态

节点功能分布

商业区生成过程

商业区设计策略

商业区整合零碎建筑肌理，通过廊桥串联所有建筑体量。通过在楼宇之间设置景观绿植，来增强高层建筑的生态服务效应。商业区中部设置下沉商业广场，与服务区通过连廊在地下进行连接。在该片区与学校接壤的位置设置营利型图书馆，减少商业区和学校相邻的冲突。

周边商圈

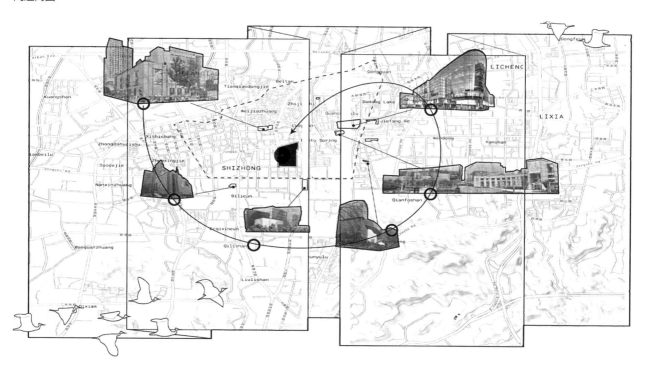

商业区效果图

居住区效果图

十五分钟生活圈

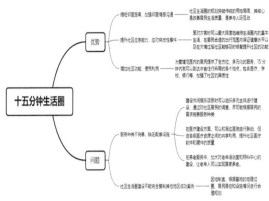

人群活动与需求分析

人群综合分析

| 人群分析 | 人群行为及空间需求 | 活动时间 |

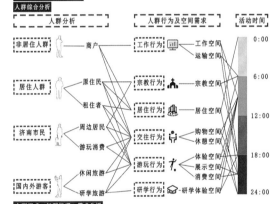

人群组成·问题机遇·需求分析

原住民 50%

外来游客对老街巷的不熟悉与原住民的代沟，历史文脉在记忆层次断裂——需和解共生。

原住民对于旧有社交空间的情感，以及当前缺乏社交空间。高密度城市布局下的老居民对于原线性多维的公共社交空间的渴求——需空间再塑。

游客 30%

经济活动者 20%

原本经济活动安置杂乱，街道界面狭窄难以停留——内退空间预留提供经济活动空间并聚焦人群。

生活所托与城市记忆
便捷的服务设施
便捷的交通
满足生活需求和记忆承载

特色美食与文化之地
舒适的游览感受
特色美食与文化体验

安身立命之本
更好的工作环境
更好的工作回报

居住区分析

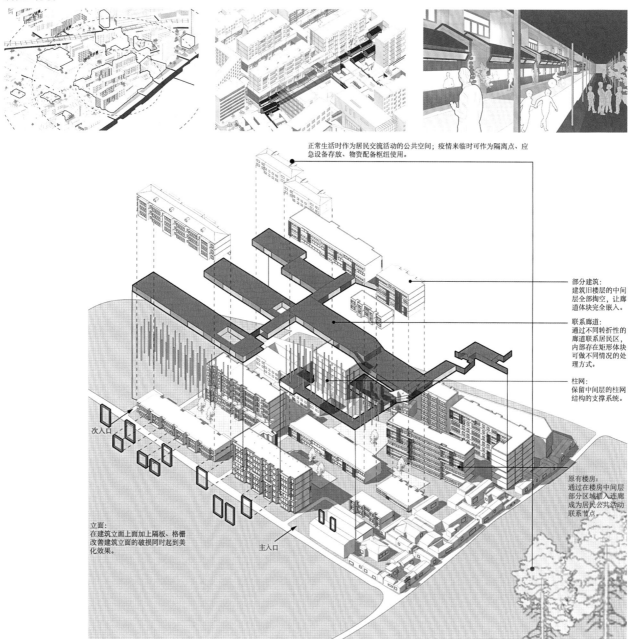

正常生活时作为居民交流活动的公共空间；疫情来临时可作为隔离点、应急设备存放、物资配备枢纽使用。

部分建筑：
建筑旧楼层的中间层全部掏空，让廊道体块完全嵌入。

联系廊道：
通过不同转折性的廊道联系居民区，内部存在矩形体块可做不同情况的处理方式。

柱网：
保留中间层的柱网结构的支撑系统。

原有楼房：
通过在楼房中间层部分区域插入连廊成为居民公共活动联系节点。

次入口

立面：
在建筑立面上面加上隔板、格栅改善建筑立面的破损同时起到美化效果。

主入口

城市服务区效果图

服务区业态布局图

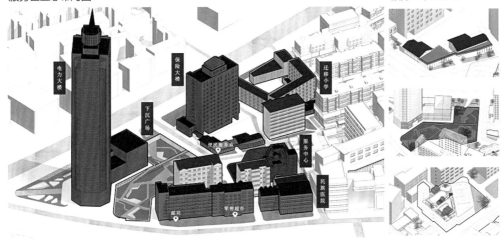

服务区节点展示

服务区设计策略

　　服务区是通过设置下沉广场的小节点以及补充新的功能节点，来带动该片区的活力，下沉广场与该片区的服务性建筑相互结合布置，通过绿色基础设施的引入，来进一步增强该片区对周边的服务性功能，下沉的另一层目的是想要通过泄洪渠将服务区与商业区用连廊建立联系，以此来增强高架桥南北交通的可达性。新建的活动中心在弥补服务区功能缺失的同时也作为和活动区的过渡，提升了该片区的整体活力水平。

艺术活动区

艺术活动区效果展示

高架桥下联系两侧的三种方式

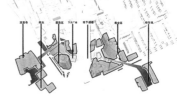

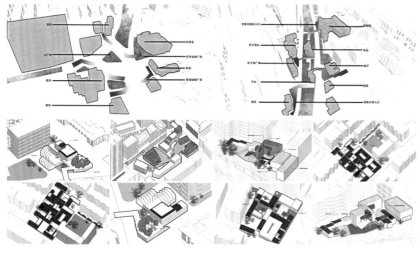

艺术区设计策略

　　艺术区作为整片场地的核心，是最具活力的区域，作为场地内部最具吸引力的片区，其内部涵盖了山东歌舞剧院、山东剧院等著名艺术节点。该片区主要通过五个小节点来串联整个艺术区，并通过活动中心作为过渡与商业区相连。

　　五个小节点分别为：1.与服务区相邻的合院剧场。2.与历史区相邻的艺术家工作室。3.高架桥北侧的沿街小剧场。4.高架桥南侧沿街的折子戏台。5.与山东歌舞剧院相邻的歌舞剧艺术博物馆。

设计心得与体会

张　琦　　　　刘济楚　　　　韩豪威　　　　曾水生

感悟

　　城市设计，不同于之前的单体建筑设计，仿佛踏入了另一个领域。这个介于建筑和规划之间又不同于二者的学科，对于我们来说是陌生的，面对的首要困难就是关于尺度感的把握。习惯于之前的单体建筑设计，使得我们时常会拘泥于细节的处理，但恰好地位于济南市中心，对于历史片区持保护态度的我们主要采取了保留的策略，还原其街道立面以及城市肌理。为了提高该片区的活力，通过置入分别代表不同感官的活力节点，将不同的功能分区进行链接，并结合这里的历史文化资源，例如戏曲歌剧艺术，增强老城区人民以及游客对该片区的感官体验。最后成果也不负大家的期望，感谢这些日子大家的共同努力。

3.4 烟台大学

指导老师: 郑 彬 张 巍

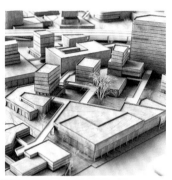

1 组　　新旧相生 和而不同

王涵杨　赵艺霖　辛程佩　李浩征　陈一飞

2 组　　上新常新 循泉映城

陈佳力　吴 琨　韩 滢　李东澍　李雨婷　王佳宁

1 组

新旧相生　和而不同

——基于活态博物馆理念下城市更新设计

　　本次课题基地位于济南市市中区，提出"和而不同"的总体概念，在设计模型中，"和"体现在城市更新这个核心目标相同，让城市的整体性更好，在城市模型中，"和"体现在所有的系统是协同的。"不同"体现在设计模型中，是针对不同的条件，所以对象和策略不同，在城市模型中每个系统内部存在差异。提出"活态博物馆"的概念。我们将用地抽象成一个点，而这个点为博物馆类型。"活态博物馆"是对文化要素的活化利用，是文化空间的全域覆盖，也是公共空间的弹性共享。通过文化空间的载体作用，使"市民创造城市"成为可能。

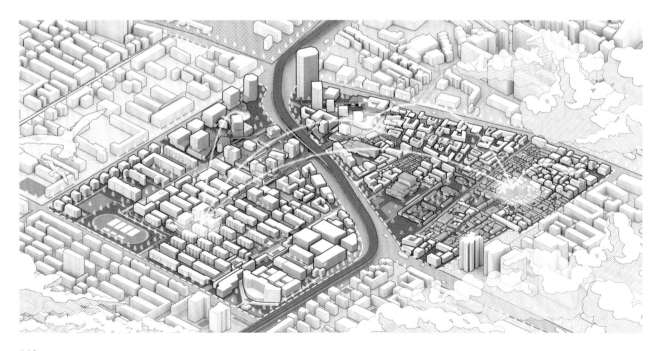

人群分析

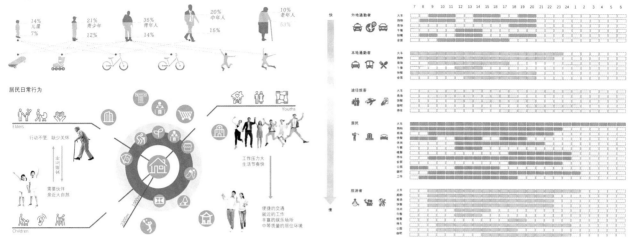

上位规划

最大限度利用既有建筑，精细化确定"留、改、拆"比例。
在更新过程中，防止"大拆大建"，除违法建筑和被鉴定为危房且无修缮保留价值的建筑外，不大规模、成片集中拆除现状建筑，
原则上更新单元（片区）或项目内拆除建筑面积不应大于现状总建筑面积的 20%，鼓励小规模、渐进式有机更新和微改造。

市域层面的发展要求

2012 版城市总体规划：中心城市城市建设要加强对泉水的保护，彰显济南特有的泉城特色景观风貌。

古城片区的发展要求

济南市古城片区控制性详细规划和地区发展战略规划：中心城市发展建设要集中体现"山、泉、湖、河、城"特色风貌元素，结合城市发展"中优"战略，打造"宜居宜业、宜行、宜乐、宜游"的城市特色历史街区。

历史文化的保护诉求

济南历史文化名城保护规划：保护和延续济南的总体格局和风貌，保持济南山、泉、湖、河、城一体的风貌特色。

社区生活的邻里要求

济南十五分钟社区生活圈专项规划：建设满足"人民美好生活需要"的社区生活圈。

上位规划片区定位

居住用地

娱乐康体用地

文化设施用地

市政设施用地

商业用地

文物古迹用地

概念解读

地区/主要城市 大城市	**城市规划** PLANNING
小城市 地区/区域 片区 地块	**城市设计** URBAN DESIGN
街区 建筑	**建筑** ARCHITECTURE

城市的复杂系统特性决定了城市规划是随城市发展与运行状况长期调整、不断修订，持续改进和完善的复杂的连续决策过程。

普遍接受的定义是"城市设计是一种关注城市规划布局、城市面貌、城镇功能，并且尤其关注城市公共空间

研究建筑及其环境

城市形态的层级及其相关的设计领域展示出了不同专业设计所能影响的范畴。自下而上，尺度较小的建筑与地块以及街区一般来说是建筑师设计的范畴，而生活住区、城市片区和小城镇可能是城市设计师的范畴，大城市和更大的区域或大都市区则更多是规划师研究的范畴。设计师们在做这些工作的时候是具有极强的关联性的，因为当规划师设计了最为上层的都市区的时候，这种决策将影响到其下所有的尺度层面直至建筑单体，这是一种有效地让我们了解这个世界运转机制的方式。我们可以从这种方式中去寻找潜在的可以进行研究的对象。

概念引入

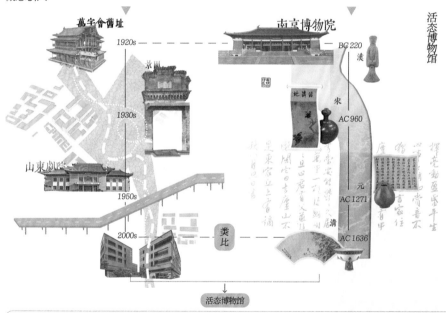

场所记忆，城市触媒

FEEDBACK
Action   Effect

反馈机制

城市的发展正在由"数字化"时代进入"智慧化"时代，其中人工智能技术在其中起到至关重要的作用，将城市建立为可感知、学习、迭代、响应的新型"生命"系统。
建构促发市民自身反向创造城市。运用技术让人们参与到自己的城市演变。
设计师参与组织未来的形成过程，而不是决定未来。

活态博物馆作为一种新兴的博物馆形态，体现出保护文化遗产的先进理念。它建立在旅游地理学、城市规划等多学科的研究视角之上，通过对博物馆学界 Eco-museum 概念的借鉴和丰富，主要运用在城市空间中历史街区的保护与发展。
Eco-museum 的理念是基于在保护的基础上利用和开发地域文化，在日新月异的城市空间中，活态博物馆对历史街区的保护将更为灵活。活态博物馆在秉承生态博物馆理念的基础上，保护和延续的功能并重，更加突出强调该社区当今的文化现象和生活场景也将成为未来的文化遗产。同时，与传统博物馆相比，活态博物馆有着更宽泛的内涵和可操作性。作为一种活化的、动态的、无围墙的城市博物馆形式，活态博物馆淡化了博物馆建筑实体的围墙边界，极大延展藏品的内涵，丰富展品的参观解说方式，并强调当地居民和参观者的动态参与。总之，活态博物馆强调"社区生活""城市活力""活的文化"。

策略延伸

理论支持

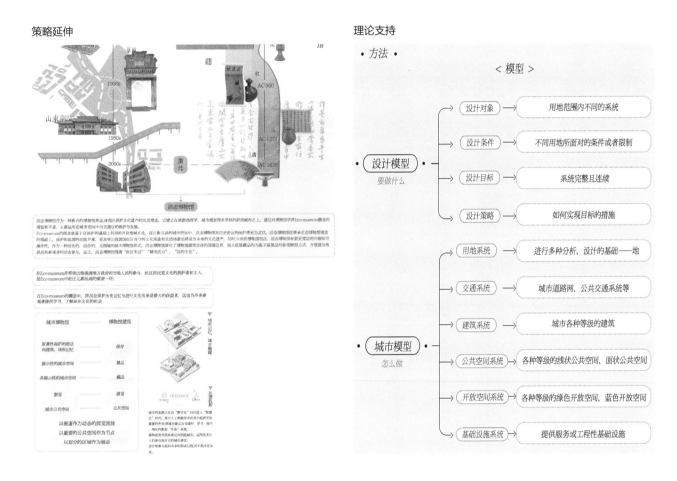

行为与城市形态、环境之间的关系

行为的一端是人，另外一端是环境。举例来说，一个有电梯的建筑物就会鼓励人们去乘坐电梯，而没有电梯的建筑物则促使人们通过楼梯来前往不同的楼层，这反映了环境对于人的影响方式。但是，如果一个老年人提出他需要电梯，就可以通过自己的需求来影响建筑。以此类推，这些需求也会进一步地影响我们所生活的城市，这就是人对于环境的影响。

设计过程——从系统叠加到逻辑形态

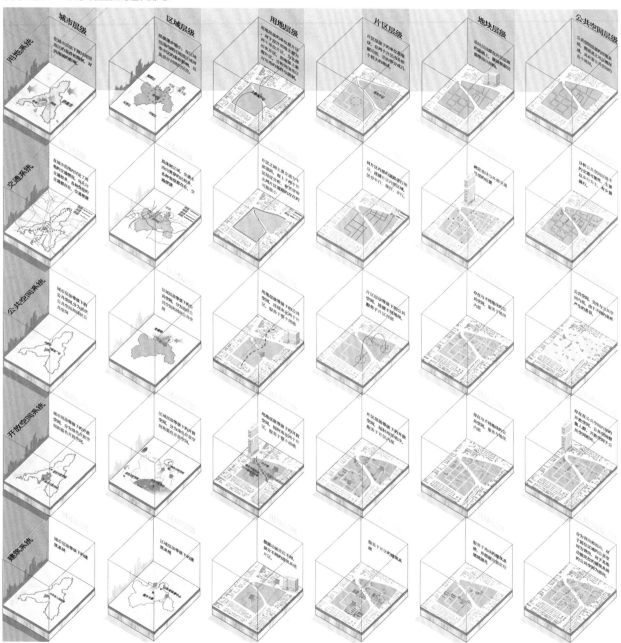

总平面图

Harmony In Diversity

环境及开放空间

主要交通及行为分析

保留建筑街区分析

用地性质分析

建筑高度分析

N

0 25 50 75 100M

Shizhong, Jinan, China

图例
1 商业综合体
2 青年公寓生活区
3 步行系统
4 城市老街区公共空间
5 廊院大楼
6 山东省邮院
7 万字会旧址
8 小微企业创业服务中心
9 居住区
10 山东省济南中学
11 济南第二医院
● 地下停车场入口

经济技术指标：

总用地面积：	42 hm²
停车位：	4872 辆
总建筑面积：	718200m²
容积率：	1.71
建筑密度：	42.6%
绿地率：	32.5%

保留建筑改造策略

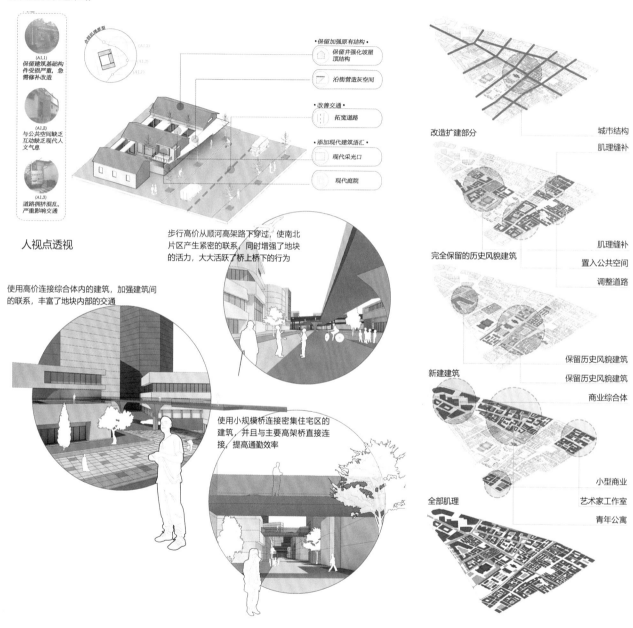

保留建筑基础构件受损严重，急需修补改造 (A1,1)

与公共空间缺乏互动缺乏现代人文气息 (A1,2)

道路拥挤混乱，严重影响交通 (A1,3)

·保留加强原有结构·
保留并强化坡屋顶结构
沿街营造灰空间

·改善交通·
拓宽道路

·添加现代建筑语汇·
现代采光口
现代庭院

人视点透视

步行高价从顺河高架路下穿过，使南北片区产生紧密的联系，同时增强了地块的活力，大大活跃了桥上桥下的行为

使用高价连接综合体内的建筑，加强建筑间的联系，丰富了地块内部的交通

使用小规模桥连接密集住宅区的建筑，并且与主要高架桥直接连接，提高通勤效率

改造扩建部分
完全保留的历史风貌建筑
新建建筑
全部肌理

城市结构
肌理缝补
肌理缝补
置入公共空间
调整道路
保留历史风貌建筑
保留历史风貌建筑
商业综合体
小型商业
艺术家工作室
青年公寓

城市博物馆流线生成

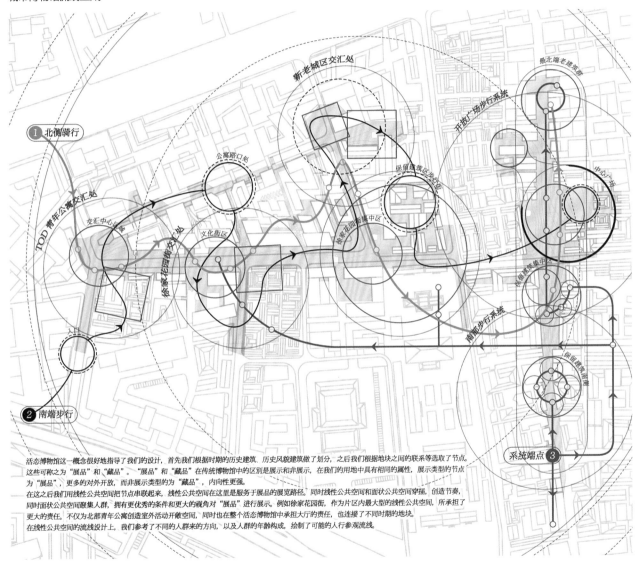

活态博物馆这一概念很好地指导了我们的设计，首先我们根据时期的历史建筑、历史风貌建筑做了划分，之后我们根据地块之间的联系等选取了节点。
这些可称之为"展品"和"藏品"。"展品"和"藏品"在传统博物馆中的区别是展示和非展示，在我们的用地中具有相同的属性，展示类型的节点
为"展品"，更多的对外开放，而非展示类型的为"藏品"，内向性更强。
在这之后我们用线性公共空间把节点串联起来，线性公共空间在这里是服务于展品的展览路径。同时线性公共空间和面状公共空间穿插，创造节奏，
同时面状公共空间感集人群，拥有更优秀的条件和更大的视角对"展品"进行展示。例如徐家花园街，作为片区内最大型的线性公共空间，所承担了
更大的责任。不仅为北部青年公寓创造室外活动开敞空间，同时也在整个活态博物馆中承担大厅的责任，也连接了不同时期的地块。
在线性公共空间的流线设计上，我们参考了不同的人群来的方向，以及人群的年龄构成，绘制了可能的人行参观流线。

改造建筑设计

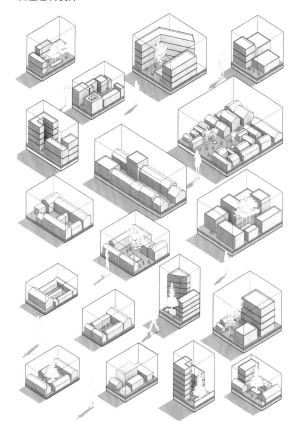

节点分析

对青年社区节点空间的利用，广场与保留建筑结合。给现代主义建筑的公寓增加了一些呼吸的空间。

青年公寓的设置是与整个设计用地的功能分区息息相关的，在南部上新街片区设置了小微企业引入年轻人。

节点 1：青年公寓交汇处节点
主要规划人群：居民、游客

节点 2：徐家花园街交汇处节点
主要规划人群：居民

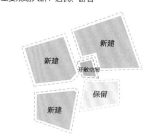

徐家花园街承担的不仅仅是交通功能，作为线性公共空间发挥作用，在城市肌理上对不同的系统进行串联。

节点位于新旧片区交汇处，在以人视点进行游览的过程，是场所记忆进行切换的过程。

节点 3：徐家花园街集中区节点
主要规划人群：居民、市民

节点 4：新老城区交汇处节点
主要规划人群：市民、游客

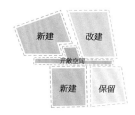

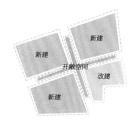

城市博物馆步行系统分析

开放空间

与交通系统紧密联系

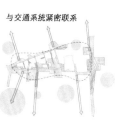

保留建筑

人群热度及流线

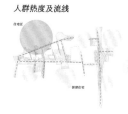

用地性质

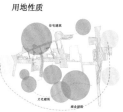

综合体组团及南侧居住区组团改造策略

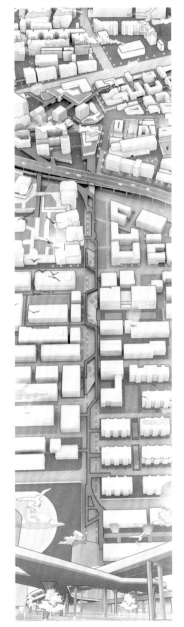

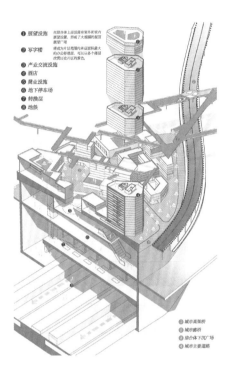

① 展望设施
② 写字楼
③ 产业交流设施
④ 酒店
⑤ 廉业设施
⑥ 地下车场
⑦ 转换层
⑧ 地铁

① 城市高架桥
② 城市廊桥
③ 综合体下沉广场
④ 城市主要道路

高架桥下空间及其周边设计

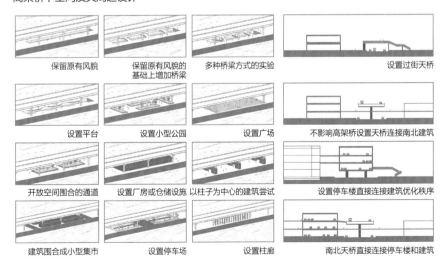

保留原有风貌　保留原有风貌的基础上增加桥梁　多种桥梁方式的实验　设置过街天桥

设置平台　设置小型公园　设置广场　不影响高架桥设置天桥连接南北建筑

开放空间围合的通道　设置厂房或仓储设施　以柱子为中心的建筑尝试　设置停车楼直接连接建筑优化秩序

建筑围合成小型集市　设置停车场　设置柱廊　南北天桥直接连接停车楼和建筑

廊桥形态及结构

廊桥景观系统设计

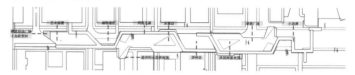

廊桥周边交通流线行为分析

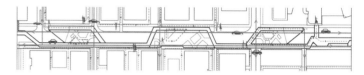

模型照片

城市天际线分析

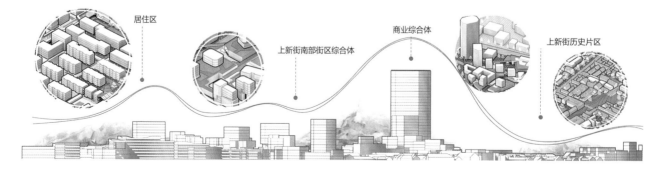

设计心得与体会

王涵杨

赵艺霖

辛程佩

李浩征

陈一飞

感悟

　　为期12周的城市设计，带给我们的是与之前建筑课程设计大为不同的经历。我们在老师的指导下，了解了一个"全新"的设计逻辑。在整个过程中我们的小目标在不断变化，从一开始初步了解什么是城市设计，到中期，思考我们是不是走在了恰当的道路上，思考我们想要得到什么成果，思考城市设计有多少能反哺到建筑设计上，到后期系统地整合了我们的思考，最终凝结成了9张A1图纸。困惑、思考、停滞、奋进、争吵、认同，这是我们的协奏曲；汗水、泪水、共进、妥协、引领、协商，这是我们的历险记。最后看到成果时，我们的心脏在狂跳。必须要承认，过程重要，但是整理思绪、思考、理论、设计模型并且表达出来也同样有分量。不知道是不是自我感动，这大概就是建筑学子吧！钟情于建筑的秩序与自由；钟情于美妙合理的空间、形态；钟情于古老的柱式与现代的融合；钟情于巍峨的建造；钟情于巧妙的构造节点；钟情于在图纸或者电脑上构建的每一个线面，最终得到的成果充满着我们的满腔热血。不管结果怎样，我们确实在奋进！

2 组

上新常新 循泉映城

　　上新街是济南的一条百年老街，这条长约500米的老街，是济南知名的老街，曾是济南名流政客的聚集地。

　　我们的设计希望尊重再现有巷道肌理与风貌，实现传统与新兴业态的融合共生。通过"对点式"街巷的改造，促进城市的有机微更新，产生网络化触发效应，促使社会资源共同参与主动改造。

　　我们利用以场地提取的元素，经过元素的重构与再生，在老旧的街区上搭建起与年轻人互动的桥梁，同时保留场地的时间属性，让"新"与"旧"、"时尚"与"复古"在上新街区碰撞、交织，彰显泉城济南的底蕴，使得每一位外来者与原始居民都能找到更好的归属，从而形成一种更好的生活状态，激发上新街活力。

文脉依存

大明湖风景区　　　　　　解放阁　　　　　　　　　济南火车站　　　　上新街

人口结构

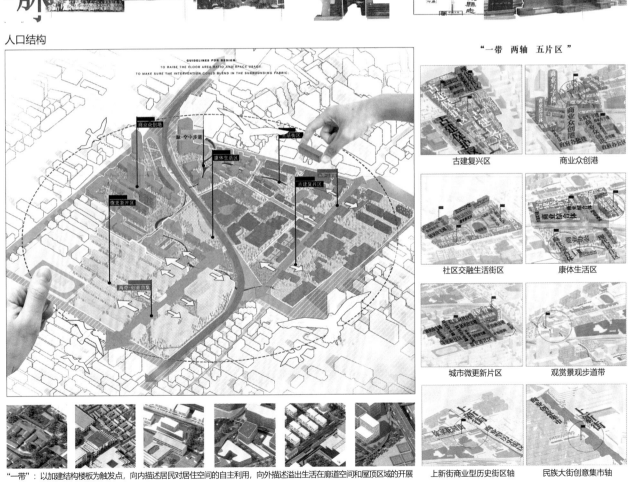

"一带　两轴　五片区"

古建复兴区　　　　　商业众创港

社区交融生活街区　　康体生活区

城市微更新片区　　　观赏景观步道带

上新街商业型历史街区轴　　民族大街创意集市轴

"一带"：以加建结构楼板为触发点，向内描述居民对居住空间的自主利用，向外描述溢出生活在廊道空间和屋顶区域的开展

地块分析

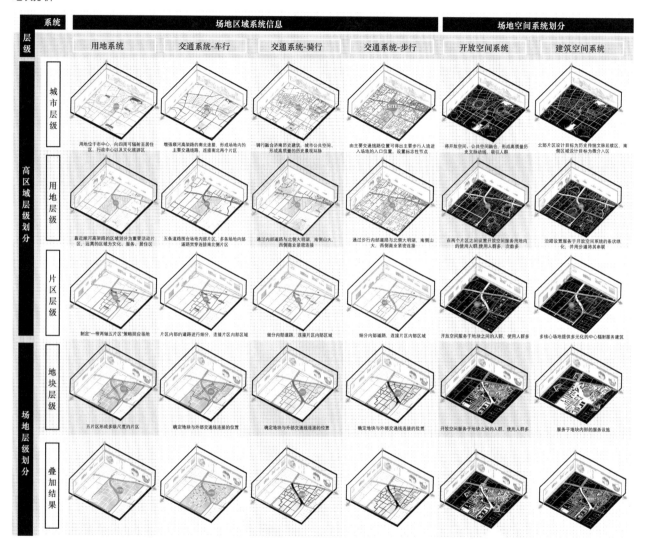

历史沿革

更新前，地块内包含多个时期、不同类型和形制的建筑，历史留下了丰厚的建筑遗产，同时也造成了无序堆叠的空间现状。由此，我们立足于对上新街的保护与更新，基于社区交融共生的理念，以历史叠合为前提进行建筑风貌改造。

节点及人流量

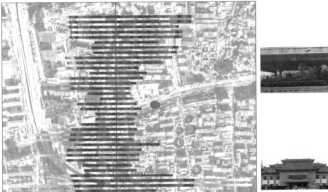

population flow   historical resources   bus stop

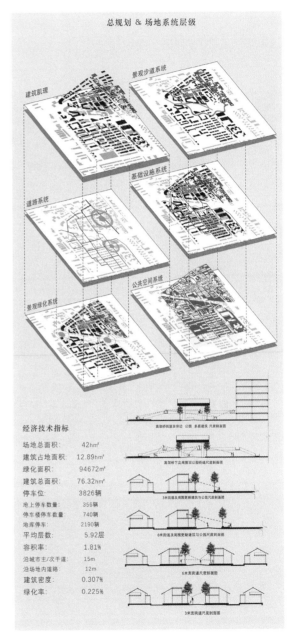

总规划 & 场地系统层级

建筑肌理　景观步道系统

道路系统　基础设施系统

景观绿化系统　公共空间系统

经济技术指标

场地总面积：	42hm²
建筑占地面积：	12.89hm²
绿化面积：	94672m²
建筑总面积：	76.32hm²
停车位：	3826辆
地上停车数量：	356辆
停车楼停车数量：	740辆
地库停车：	2190辆
平均层数：	5.92层
容积率：	1.81%
沿城市主/次干道：	15m
沿场地内道路：	12m
建筑密度：	0.307%
绿化率：	0.225%

总平面图

社区交融共生的历史片区保护与更新城市设计探索

Exploration of urban design for the protection and renewal of historical districts with community integration and symbiosis

屋顶样式图例

保留建筑

商业功能建筑

居住功能建筑

文化公共建筑

场地树木图例

新增树木

保留古树

1.万字会
2.山东剧院
3.山东歌舞剧院
4.田家大院
5.沙家公馆
6.景园
7.上新街25号
8.上新街42号
9.李予昂旧居
10.上新街108号
11.上新街回迁小学
12.停车楼
13.山中医第二附属医院
14.中共党校
15.山东省文化馆
16.山东省济南中学
17.山东省科学技术协会
18.民族集市大街

0m   100m   200m

步道上行入口

N

总平面图 1:2200

设计策略

组团街巷布置

主体街区布局

城市更新后民居肌理形态

布局规则

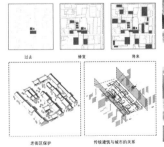

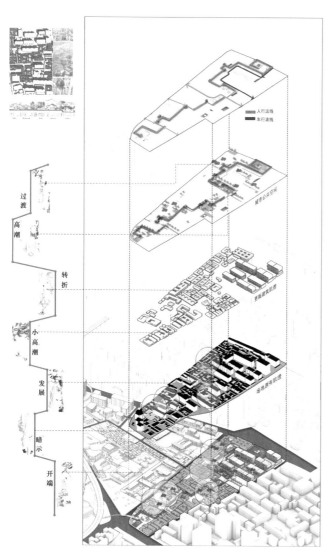

过渡
高潮
转折
小高潮
发展
暗示
开端

让本地居民在这个空间里唤起记忆，延续他们原有的生活方式(保留场地要素)，同时满足年轻人的审美喜好 (新的介入)，通过设计手法进行升级的同时，让整个空间更富有层次，变成一个拥有积极性、包容性、多元化的空间，在延续原有居民生活方式的同时，能够吸纳更多的年轻人进入空间，从而激发社区活力，活络老街。

沿街民居布局

聚落布局

上新街文脉

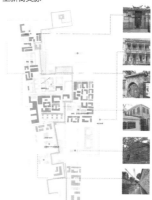

东区——上新街现代园林区　　　　西区——商业众创港湾区

徐家花园街改造

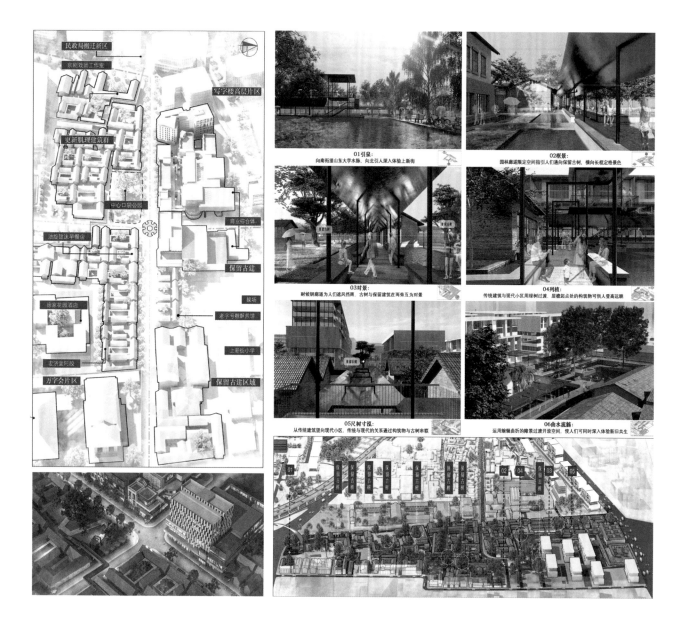

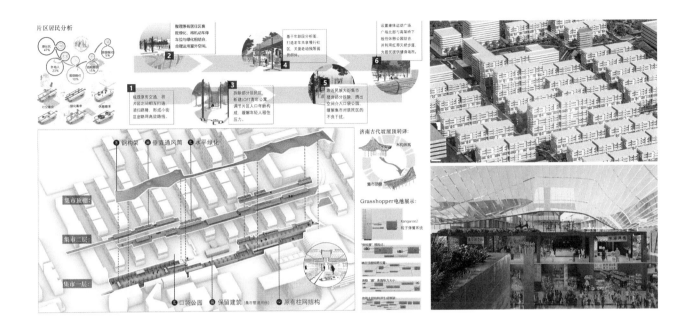

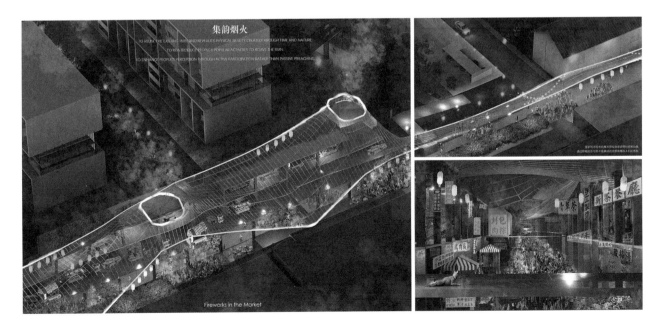

集韵烟火

Fireworks in the Market

现状集市面临问题

光顾集市人群比例分析

年轻人　　大爷大妈
集市人群
游客
小孩

城市用地规模及空间布局改变，老城大量产业及人口集体迁移，老城区多为社会底层人民，外来人口和当地人群矛盾突出，基础设施建设不完善，乱搭乱建，集市逐渐往脏乱差发展。

大爷大妈　集市消费主力军，收归相平——53%
年轻人　　不吃物堆积合手堂，买点熟食——20%
小孩　　　被智能科网络等时的的原来吸引的——11%
学生　　　山大食堂吃腻了，来外面品尝美食——10%
游客　　　来感受济南春节的野生活，体验烟火——6%

城市用地规模及空间布局改变，老城大量产业和人口集体迁移，老城区多为社会底层人民，外来人口和当地人群矛盾突出，基础设施建设不完善，乱搭乱建，集市逐渐往脏乱差发展。

集市改造准则：遵循与摊主协商共建的原则，理解大众文化，避免建筑师的自我视角与大众视角之间产生隔阂，在进行立面翻新改造的同时，留住集市原有烟火气息。

多元开放
现在的集市
以前的菜场

市民交流场所

生活物资交流站

菜场　　小吃街　　超市　　慢行步道

集市更新

1.翻新立面，更改原有脏乱差形象，市场管理食品卫生

2.运用GH张拉膜顶棚体系转译中国传统坡屋顶木构架

3.一层集市为周围居民提供生活菜品

4.抬升二层平台作为城市景观步道与城市空中环道相接，并置入超市小吃街等商业设施。

5.拆除集市中间及尽头的一栋居民楼设置口袋公园，隔断集市条形现状。

6.保留原有集市购物体验，有人气但不过于拥挤。

果蔬区

熟食区＋小吃街

禽肉区

自由摆摊区域

万字会场地俯视图

民居连廊俯视图

水边广场俯视图

水边广场俯视图

场地层级系统叠加

山东歌舞剧院共享改造

系统叠加结果——
时间与路径：十五分钟生活圈

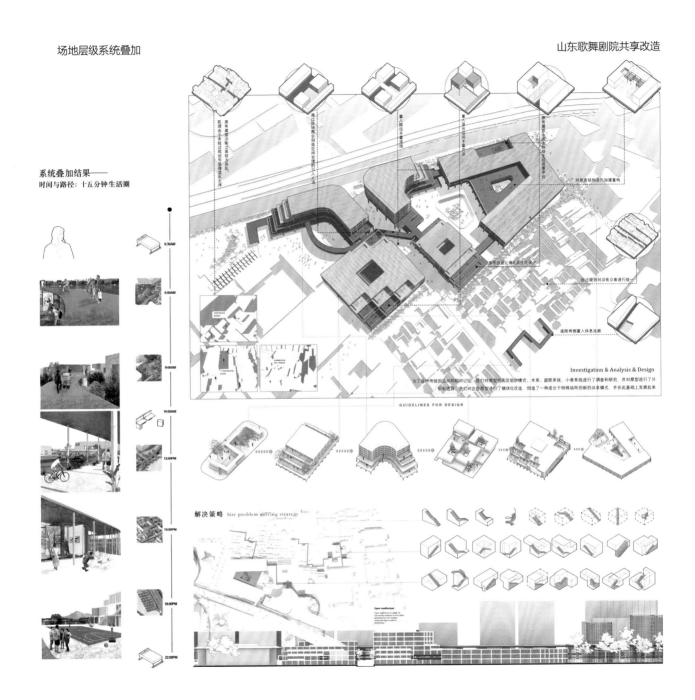

Investigation & Analysis & Design

GUIDELINES FOR DESIGN

解决策略 Site problem solving strategy

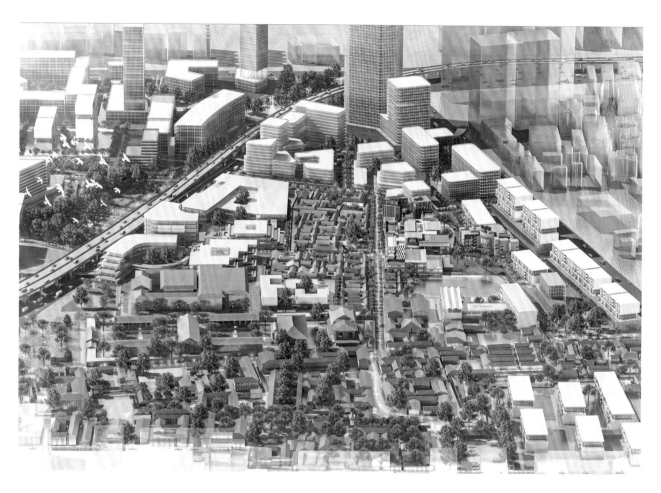

设计心得与体会

陈佳力 　　　　吴　琨 　　　　韩　滢 　　　　李东澍 　　　　李雨婷 　　　　王佳宁

感悟

　　城市设计对于建筑学专业的同学来说有点陌生，因为我们平常都只顾单体设计，往往忽略了建筑对于城市的积极作用。城市是人类发明最复杂的综合体，过往随着人口急速增长，城市也在膨胀与野蛮生长。中国人口在2022年达到拐点，大城市如果未来不能继续虹吸周围地区人口资源，那未来将何去何从呢？我们建筑师能做些什么呢？济南上新街作为我们理想实验的地点，我们不会天马行空胡乱做个方案了解，针对场地的各个条件，加以我们对未来准确的预判，才是我们组最终想呈现的。

后记

　　本集联合设计书册已完成出版，但四校联合设计教学活动依然前行。虽然已经连续参加不同城市多类题目的城市设计教学过程，但每一次的教学参与，始终伴随新的体会和感悟，其间曾有的困难和波折，总能被老师和学生们的思考和热情一一化解，过程各不相同，但始终满怀期待地收获优秀设计成果。

　　本次教学过程成果亦是如此，存量转型背景下以济南上新街为代表的城市空间发展面临新的挑战和机遇，不同生活和学习背景的四校师生面对陌生又熟悉的环境和场地，给出了深思熟虑的设计答案，而这次除了物质空间的优化提升，更融入了大家对城市生活和人文关怀的深度思考和憧憬，思考角度和方式的变化，也见证了四校联合设计教学活动随着时间推移，对于各校师生设计思考方式和过程参与模式都产生了潜移默化的影响，这恰恰也是中国城市更新发展和设计教学模式转型的必然期待和结果。

　　本书撰写和出版过程中，参与联合设计的四校老师与同学们积极参与并提供了调研和设计成果主要图文资料，各校师生为此付出了大量时间和精力，济南市规划设计研究院提供了本次设计工作所需的基础资料，并对项目相关信息进行了答疑，在此表示衷心感谢。还要感谢中国建筑工业出版社孙硕编辑及其同事的精心校订和编辑，你们的专业工作是图书质量的有效保证。由于作者水平有限，书中难免有错漏之处，恳请广大读者批评指正。